岩土材料应变局部化光学测量研究

Study on Strain Localization of Geotechnical Materials Based on the Optical Measurement Method

王学滨　董　伟　著

科学出版社

北　京

内 容 简 介

本书介绍了作者团队近10年关于数字图像相关(DIC)方法的改进及观测和研究岩土材料应变局部化的工作。通过利用DIC方法获得岩土材料变形过程中的应变场，较为精细地分析了岩土材料应变局部化的发展演变过程。这对于揭示岩土材料变形破坏的机理和一些地质灾害的预防大有裨益。

本书可供从事岩石力学、工程力学、计算力学、土木工程、岩土工程、采矿工程、安全工程等研究和应用的科研人员参考。

图书在版编目(CIP)数据

岩土材料应变局部化光学测量研究= Study on Strain Localization of Geotechnical Materials Based on the Optical Measurement Method / 王学滨，董伟著. —北京：科学出版社，2023.2

ISBN 978-7-03-073724-3

Ⅰ. ①岩… Ⅱ. ①王… ②董… Ⅲ. ①岩土工程-工程材料-光学测量-研究 Ⅳ. ①TU4

中国版本图书馆CIP数据核字(2022)第206171号

责任编辑：刘翠娜 李亚佩 / 责任校对：王萌萌
责任印制：吴兆东 / 封面设计：无极书装

科学出版社 出版
北京东黄城根北街 16 号
邮政编码：100717
http://www.sciencep.com

北京建宏印刷有限公司 印刷
科学出版社发行 各地新华书店经销

*

2023 年 2 月第 一 版 开本：720 × 1000 1/16
2023 年 2 月第一次印刷 印张：14 1/2
字数：300 000

定价：118.00 元

前　言

在 2000 年，本书第一作者就从导师潘一山教授的学术论文和博士论文中初步了解了数字图像相关(digital image correlation, DIC)方法。那时，该方法被用于观测少量土样和岩样(含煤样)的应变局部化过程。当时在清华大学完成这些实验花费较多。此后，限于第一作者的科研兴趣，同时没有机会接触到 DIC 方法的程序或软件，因此，并未涉足 DIC 方法的研究。2006 年，本书第一作者博士毕业，不久，开始带研究生，其间，开始策划如何发展新的研究手段，以对关注问题开展深入研究，试图做出更有意义的研究结果。当年，本书第一作者决定两条腿走路，其一是开展适于连续介质向非连续介质转化和非连续介质进一步演化的连续-非连续方法研究，其二是开展基于粒子群优化和牛顿-拉弗森迭代的 DIC 方法研究。需要指出，在带研究生之前，本书第一作者曾带两名本科生做毕业论文，开始了整像素 DIC 方法的简单探索，这是我们 DIC 方法研究的开端。在研究生中，杜亚志博士、张楠硕士、侯文腾硕士等做出了较大的贡献。杜亚志博士和本书第一作者合作发表在《计算机工程与应用》上的论文入选 F5000，这十分荣幸。

最初，我们的稿件发表在《计算机工程与应用》和《岩土力学》等期刊上。那时，有些期刊的评审专家提出了许多建设性的意见，这使得我们的水平得到了快速提高。最近这些年，我们撰写的稿件通常都能顺利被接受，这源于在不断努力下我们不断提升的学识和专家的逐渐认可。现在，我们的稿件已经发表在了《光学学报》《计量学报》等光学专业期刊上。

随着研究的深入，我们的硬件设施逐渐得到了改善。当初，我们开展的实验研究并不是在试验机上，而是在自制的简易设备上。我们没有高速相机，用家用的照相机以手按开关按钮的方式进行拍摄，这难免会影响图像的质量。在前些年，我们已利用研究经费购买了高速相机，拍摄质量和效率都能在一定程度上得到保障。

在 DIC 方法研究的道路上，我们堪称白手起家，历经风风雨雨，才走到今天。开展原创研究，自然要历经磨难。原创之路从来不平坦。每当回想起这些，我们总会有无限感慨。正是由于我们的坚持不懈，才有了众多研究成果的产出，才有了逐渐完善的程序和界面，才有了计算机水平较为高超的毕业生在各个领域做着积极的贡献，才有了对剪切带等问题的深入理解。同时，本书第一作者的知识体系更加完整。在开展 DIC 方法研究之前，本书第一作者只对数值计算和理论研究较为熟悉，并没有做过岩土力学相关物理实验。开展 DIC 方法研究很好地弥补了本书第一作者实验研究经历上的缺失。在 DIC 方法方面，本书第一作者和学生们经常性地研讨和辩论，对相关概念才从陌生到熟悉，从业余到专业，我们的相关研究才不断取得进展。

经过长期的研究，本书第一作者对 DIC 方法的一些方面也有了自己的理解。DIC 方法就像是人类的眼睛，但比人眼看得更细，能辨丝毫。相关运算就是找相似。在 DIC 方法中，只有有特点的子区才能实现精准地匹配，千篇一律的子区必然难以实现精确地匹配。这就好比是"有趣的灵魂万里挑一"，在一万个物体中，都能唯一地找到它，这当然不是这句话的本意。各种先进的智能机械装置，例如，无人机、人脸识别门禁、机器人和无人驾驶汽车等，并没有长眼睛。它们是如何看到的呢？实现这一功能是通过对摄像头获取的图像进行快速的相关处理。由此可见，学习 DIC 方法有宽广的用途，能紧紧地跟上时代的发展步伐。

随着研究的深入，有必要对笔者 10 年来发表于各种期刊上的论文进行系统化梳理和总结，这不仅有利于该方法的推广，也有利于相关研究生的学习和我们自身的发展。否则，当读者在不同学术论文中看到不统一的表述，或者欠缺严谨的论述等，都会莫衷一是。正是基于上述考虑，我们才决定将 10 年来的研究工作根据当前的认识进行总结和提升。当然，限于本书的篇幅，有些工作并未被包括进来。

在 10 年来的 DIC 方法的研究和应用过程中，许多人都提供了支持。辽宁工程技术大学的代树红教授曾为本书第一作者提供了实验图片，用于测试所发展的方法的有效性。那时，本书第一作者尚未开展相关的实验研究。中国矿业大学的李元海教授给予了诸多有价值的指导。

本书撰写过程持续了 1 年。本书第二作者承担了大量细致、烦琐的工作，并且他的相关研究在第 8 章进行了阐述。

本书共 8 章。第 1 章绪论；第 2 章 DIC 方法的变形测量原理及实现；第 3 章虚拟剪切带位移及应变的测量误差分析；第 4 章单轴压缩土样的应变局部化过程观测；第 5 章含孔洞土样应变局部化观测；第 6 章单轴压缩煤样应变局部化过程观测；第 7 章环绕测点子区分割方法及应用；第 8 章可靠子区方法及应用。

本书是基于作者当前的水平对现有部分研究成果的总结，难免存在不足之处，敬请读者批评指正。

目　　录

第1章 绪 论

1.1 背景和意义

我国经济的快速发展促进了道路、桥梁等基础设施建设的快速发展。在土木、交通、采矿及防护等工程的建设和运行中，常会发生一些灾害，如地基失稳、基坑塌方、冲击地压、煤与瓦斯突出和岩爆等。这些灾害的不时发生往往会造成巨大的财产损失和重大的人员伤亡。

岩土材料在外部载荷作用下很少表现为全面破坏，多表现为局部化破坏，即破坏发生的区域有限且破坏的程度不同。在宏观裂纹出现之前，由均匀变形逐渐演变成不均匀、具有明显位移梯度的变形，这种现象被称为应变局部化。在应变局部化发生之后，应变主要集中于某些区域，而区域外的应变较小。根据应变集中的类型可以将应变局部化划分为剪切应变局部化、拉伸应变局部化和压缩应变局部化。剪切应变集中的相对狭窄的带状区域被称为剪切带。剪切带出现于宏观裂纹之前，并引导着宏观裂纹的发展，是重要的破坏前兆之一，受到了众多科技人员的密切关注，成为固体力学、岩土力学、材料科学及一些工程领域的研究热点问题之一。

鉴于岩土材料剪切带的复杂性，对其难以从理论上进行很好的解释。目前，室内实验已经成为认识岩土材料剪切带的重要方法。常用的测量技术有激光技术、计算机断层扫描术(computer tomography，CT)、声发射技术、红外探测技术及数字图像相关(digital image correlation，DIC)方法等。利用 DIC 方法对物体变形前后表面的灰度场进行相关处理可以获取变形过程中的位移场和应变场，该方法具有全场测量、非接触、操作简单、成本低、测量精度高等优点(王怀文等，2005；班宇鑫等，2019；崔新男等，2020；王光勇等，2020)，特别适合岩土材料剪切带测量，已被广泛应用。

剪切带发生、发展过程的实验研究有助于深入揭示剪切带的演化规律，可为剪切带理论分析和数值模拟提供基础数据，并促进剪切带本构关系的建立，这显然具有十分重要的理论和实践意义。

1.2 DIC 方法的研究现状

DIC 方法是 20 世纪 80 年代由日本的 Yamaguchi(1981)、美国的 Peters 和 Ranson(1982)等人独立提出的。利用 DIC 方法进行变形测量的本质是将选定的参考图像与变形后的一系列目标图像进行相关运算。与传统的光测方法(光弹性法、全息干涉、散斑照相术、电子散斑干涉法、云纹法等)相比，DIC 方法具有如下优点：通常不需特殊的光学仪器，可以使用白光源；测量范围和灵敏度可以自由调节，可以适用于从微观到宏观、从微变形到大变形的测量；操作简单、成本低、计算精度高、非接触测量、可测量全场变形等(王怀文等，2005)。

基于 DIC 方法的变形测量主要包含图像采集过程和图像处理过程，如图 1-1 所示。图像采集主要通过 CCD 相机(又称电荷耦合器件摄像机)完成，也有通过互补金属氧化物半导体元件(complementary metal oxide semiconductor，CMOS)相机完成。与 CMOS 相机相比，CCD 相机的成像质量高，抗干扰能力强且图像更容易存储。在进行变形测量时，对采集的图像进行处理是 DIC 方法的核心。近年来，相关搜索、测量误差和应变获取方法等被深入探索。

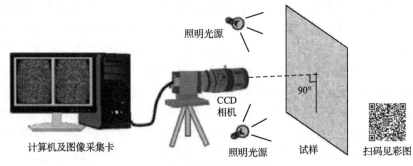

照明光源

90°

CCD 相机

计算机及图像采集卡 照明光源 试样 扫码见彩图

图 1-1　2D-DIC 方法的图像采集系统

1.2.1　相关搜索

在利用 DIC 方法进行变形测量时，通常以变形前的图像为参考图像，以变形后的图像为目标图像。为了评价参考图像和目标图像的相似程度，引入了相关函数(也被称为相关系数)。当参考图像和目标图像的相关性最高时，通过参考图像和目标图像的对应位置确定物体的位移。寻找相关函数极值的过程被称为相关搜索。相关搜索时使用的算法被称为相关搜索方法。

不同的相关函数对参考图像和目标图像的相似度评价的结果存在一定的差异性。Ma 和 Jin(2003)对 10 种相关函数的计算精度和速度进行了对比，发现零均值归一化后，相关计算的精度、鲁棒性及适应性均得到了提高。Tong(2005)和 Pan 等(2010)通过散斑图数值实验发现，零均值归一化互相关函数、零均值归一化平方距离和相关函数对图像灰度的线性变化不敏感，这两种相关函数应该被使用。

科技人员提出了多种相关搜索方法。Sutton 等(1983)提出了粗-细搜索方法。在该方法中，首先，得到整像素位移；然后，对变形后图像进行插值，逐渐缩小搜索步长；最后，获得亚像素位移。Sutton 等(1986)针对粗-细搜索方法耗时较长的问题,提出了一种基于优化理论的搜索方法,提高了计算速度。Bruck 等(1989)针对粗-细搜索方法的计算精度较差问题,提出了基于牛顿-拉弗森(Newton-Raphson,N-R)迭代方法的相关搜索方法。该方法是 DIC 方法的一次重大改进,也是目前被公认精度较高的相关搜索方法之一。但是,N-R 迭代方法需要计算黑塞(Hessian)矩阵及雅克比(Jacobi)向量,计算量较大,且对初值比较敏感。Vendroux 和 Knauss(1998)对 N-R 迭代方法中的黑塞矩阵进行了近似处理,既简化了计算过程,降低了编程的复杂性,又不影响计算精度,这种改进的 N-R 迭代方法被称为拟牛顿法。此外,科技人员还提出了一些其他的搜索方法,如双参数迭代方法(Vendroux and Knauss,1998)、频率相关方法(Chen et al.,1993)、十字搜索方法(芮嘉白等,1994)、时空梯度方法(Davis and Freeman,1998)、Leverberg-Marquart(L-M)方法(Schreier et al.,2000)、分形维数方法(侯振德和秦玉文,2002)、曲面拟合方法(潘兵等,2005)和加权因子方法(汪敏等,2008)等,但这些方法并不常用。

随着智能优化算法的迅速发展及广泛应用,科技人员将一些智能优化算法应用到 DIC 方法中。Pitter 等(2001)提出了一种基于神经网络的亚像素搜索方法。Zhang 等(2003)、Jin 和 Bruck(2006)针对传统方法对初值较敏感的问题,提出了一种基于遗传算法的相关搜索方法。潘兵和谢惠民(2007)针对 N-R 迭代方法对初值比较敏感的问题,利用差分进化算法搜索整像素位移,并将其作为 N-R 迭代方法的初值。

在 DIC 方法的实际应用中,不可避免地会遇到试样或模型表面存在一些孔洞和缺口等缺陷,或者在变形过程中出现裂纹。潘兵等(2007)对试样表面的缺陷进行人工标记,仅计算标记外区域的测点位移,并对局部位移场进行最小二乘拟合得到应变。李元海等(2012)提出了一种"一点五块"DIC 方法,当某一子区包含非连续变形时,在该子区周围再布置 4 个包含该子区中心点的新子区,用不包含非连续变形的新子区来计算该子区中心点的位移。Sousa 等(2011)提出了一种基于时空差分技术的 DIC 方法,使用四叉树算法识别非连续区域。首先,他们将变形前后的图像分割成 4 个矩形区域;其次,对任意矩形区域,如果其与变形后区域的相关性较差(小于预设的阈值),则将该区域再次分为 4 个矩形区域;重复上述过程,当每个区域的相关系数都满足要求后,停止分割。对于包含裂纹的区域,由于其与变形后区域的相关性较差,因此,会被分割成多块尺寸不同的矩形区域。而对于不包含或包含少量裂纹的区域,该方法的位移精度较高。Poissant 和 Barthelat(2010)提出了一种子区分割法,当检测到非连续变形的位置时,在该位置将样本子区分割为两个子区,以避免子区内包含不连续变形。与传统 DIC 方法相比,对于存在裂纹和断层等不连续区域的位移测量,子区分割法具有较高的精度。王骥骁和陈金龙(2015)研究了裂纹尖端位移函数中各项及其组合项对位移场表征的贡献程度及对测试精度的影响。

1.2.2 误差分析

相关搜索方法和散斑图质量对 DIC 方法的测量精度起着决定性作用。除此之外还有许多因素会影响测量精度，如噪声、子区尺寸、形函数、光源、相机和离面位移等。为了提高测量精度，科技人员对可能产生的误差因素进行了分析。

Sutton 等(1988)对散斑图的数字化、采样频率及亚像素插值方法进行了深入的理论分析。Dai 等(1999)和简龙晖等(2003)分析了子区尺寸对测量精度的影响。Bornert 等(2008)研究了子区尺寸、亚像素插值方法和形函数对测量精度的影响。Lu 和 Cary(2000)首次在 DIC 方法中引入了二阶形函数。他们发现，二阶形函数的 DIC 方法更适于大变形条件下的应变测量。Xu 等(2015)分析了 DIC 方法中形函数和子区尺寸对高应变梯度应变测量的影响。他们发现，在 DIC 方法中，当一阶形函数与二阶形函数的测量结果相差大于 10%时，二阶形函数的结果更加可靠；二阶形函数比一阶形函数更适于描述高应变梯度的应变。王博等(2016)推导了一阶形函数和二阶形函数的位移随机误差理论公式，并利用数值实验进行了验证。他们发现，过匹配形函数(形函数的阶数大于实际变形阶数)不会引入额外的系统误差，但会增加随机误差；在变形未知的情况下，推荐使用二阶形函数。

测量系统对 DIC 方法的测量精度有一定的影响。Schreier 等(2000)通过研究发现，在测量系统中，采用长焦镜头可以减小位移测量误差。孟利波等(2006)对相机光轴与物面不垂直引起的误差进行了详细的研究。Reu 等(2014)分析了相机的分辨率对结果的影响。他们发现，图像的分辨率造成的误差可以通过增加子区尺寸和散斑半径来弥补。Lepage 等(2016)为了提高测量精度，在相机镜头前增加偏振片使光线极化，并进行了实验验证。他们发现，在采用偏振片后，测量精度得到了改善。

图像畸变主要是由光学元件(变焦镜头、扩倍镜和 CCD 感光元件等)的非线性以及光线的折射等因素引起的，会产生一定的测量误差。王助贫等(2002)采用二次标定方法解决了摄像视角不同时和变物距测量时图像的畸变问题。首先，对标准模块进行测量，得到了校准曲线；其次，在实际测量时，通过校准曲线上的点修正测量结果。Yoneyama 等(2006)通过标准栅格标定方法获得了相机镜头的畸变修正系数，据此对位移进行校正。马少鹏等(2012)针对数字相机机身温度升高会导致采集的图像发生微小膨胀从而引起应变测量误差增加的问题，提出了两种误差补偿的思路。潘兵等(2013)通过研究发现，在使用高质量双远心镜头获得图像时，被测物体表面的离面位移和相机自热的影响较小，镜头畸变较小。

戴相录等(2013)基于针孔模型从理论上分析了离面位移对测量结果的影响。他们发现，离面位移对测量结果的影响随着物距的增加而显著减小；当存在靠近相机靶面的离面位移时，结果中有虚双轴对称拉伸应变；当存在远离相机靶面的离面位移时，结果中有虚双轴对称压缩应变。

1.2.3 应变测量

在 DIC 方法中，应变可以通过 N-R 迭代方法、拟牛顿方法、L-M 方法或遗传算法得到，但是 N-R 迭代方法或遗传算法仅仅适用于局部应变大于 0.01 的情况 (Bruck et al., 1989)。对于离散的数据，可通过位移的空间差分获得应变，但是由于位移场中一般包含一定的误差，直接利用差分方法计算应变可能会引入较大的误差。Sutton 等(1991)先采用有限元方法对位移场进行平滑，再通过中心差分方法计算应变。Tong(1997)和 Wang 等(2002)采用样条平滑技术消除位移场中的噪声。Meng 等(2007)进一步改进了有限元平滑技术。Wattrisse 等(2001)和 Pan 等(2009)采用逐点局部最小二乘拟合方法获得应变场。Zhao 等(2012)基于厄米 (Hermite)有限单元法和 Tikhonov 正则化提出了一种位移平滑方法，实现对计算区域不规则时的位移场平滑。

在有限元平滑方法中，通过将离散的位移数据组装成刚度矩阵可一次性获得所有测点的应变，但对划分节点网格质量要求较高。最小二乘拟合方法易于编程实现，已经成为 DIC 方法中获取应变的重要方法。

1.3 基于 DIC 方法的岩土材料应变局部化实验研究现状

岩土材料应变局部化是十分复杂的力学行为，对其从理论上建模分析存在着较大的困难。为此，科技人员开展了大量的应变局部化实验研究。岩土材料可以分为砂、黏土及岩石三种材料。它们的应变局部化存在着一定的共性，也存在着较大的差异性。考虑到应变局部化带在几何上是一条狭窄的带，且宽度只有几毫米，因此，需要一种精度较高的测量方法。DIC 方法在合适条件下位移精度可达 0.01pixel，可以满足应变局部化带准确测量的要求。

1.3.1 土的应变局部化

Rechenmacher(2006)分别利用 2D-DIC 方法和 3D-DIC 方法测量了平面应变和常规三轴压缩实验条件下砂土试样表面的位移场和应变场。他们发现，为了精确预测剪切带开始时的应力状态，需要了解以下三种因素：精确的本构关系、适当的本构参数和合适的局部位移场。

李元海等(2007)提出了一种岩土材料剪切带识别的 DIC 方法。首先，在模型实验中，用数字相机采集岩土材料全程变形图像序列；其次，在图像全局观测范围内粗略搜索到剪切带发生的大致区域；最后，布置跨越剪切区域的多对测点和测线，进行局部范围精密搜索，识别出剪切带的准确位置与形状，并确定剪切带的边界点。与模型上描画网格线等传统方法相比，该方法操作简单，测量准确，适于模型实验中岩土材料剪切带的识别及其宽度、倾角、带内变形和演变过程等的观测。

Röchter 等(2010)利用 DIC 方法测量了平面应变拉伸条件下干砂、高岭土及水的不同比例组合材料的剪切带的宽度、倾角和间距。他们发现，剪切带倾角基本在 Roscoe 倾角和 Arthur 倾角之间(47°～57°)；剪切带宽度为平均粒径的 5～11 倍；对于发生强不连续变形的试样，剪切带宽度较小，而对于发生弱不连续变形的试样，剪切带宽度较大；干燥密砂的剪切带间距最小，而掺杂一定黏土的潮湿中密砂土的剪切带间距最大。

Rechenmacher 等(2011)利用 DIC 方法测量了平面应变压缩条件下砂土的剪切带宽度。他们发现，由于剪切带边界附近的子区包含了一部分带外区域，这使得剪切带宽度被高估。为此，他们提出了考虑子区尺寸影响的剪切带宽度计算公式，测得的平面应变压缩条件下 4 种砂的剪切带宽度为平均粒径的 6～9 倍。

Bhandari 等(2012)利用自制的三轴加载装置和 DIC 方法观测了不同种类砂土剪切带的产生条件，并对比了 DIC 方法和差动式应变计的应变测量结果。他们发现，利用 DIC 方法和差动式应变计得到的纵向位移基本相等，DIC 方法的测量精度很高；剪切带出现在峰值应力前的硬化阶段，当剪切带出现后，变形主要集中在剪切带内，带外变形很小。

孔亮等(2013)利用 DIC 方法观测了直剪条件下砂土剪切带的形成过程。他们发现，利用 DIC 方法可以准确地获得标准砂的局部变形规律和变形过程中的非线性行为。

王学滨等(2013)利用 DIC 方法观测了单轴压缩条件下含孔洞土样的位移和应变增量场。他们发现，拉伸应变局部化带的宽度为 1.2～1.6mm。

Higo 等(2013)利用 X 射线和 DIC 方法观测了三轴压缩条件下不饱和砂样的变形。他们发现，随着纵向应变的增加，试样中部的密度逐渐降低，局部化区域的位置与密度较低区域对应；剪切带宽度为 0.84mm，约为平均粒径的 5 倍；从位移场中测量的剪切带倾角(45°)低于在整个试样上测量的结果(48°～51°)；在残余阶段，剪切带内砂颗粒的平动和转动程度远大于剪切带外的，变形主要集中在剪切带内，这种现象与干砂的结果类似。

Alikarami 和 Torabi(2015)利用 CT 技术和 3D-DIC 方法观测了三轴压缩条件下两种石英砂(圆砾和角砾)试样变形过程中剪切带内外的孔隙率、剪胀和微结构特性。他们发现，在相同围压条件下，角砾砂的剪切带宽度大于圆砾砂；随着围压的增加，剪切带宽度增加，剪切带由剪胀型向剪缩型转变；剪切带外的孔隙率基本不随纵向应变的增加而变化；在低围压条件下，剪切带内的孔隙率大于剪切带外的；在高围压条件下，圆砾砂剪切带内的孔隙率可能大于也可能小于剪切带外的，角砾砂剪切带内的孔隙率小于剪切带外的。

庄丽和宫全美(2016)利用DIC方法观测了减围压平面应变压缩实验条件下丰浦砂试样的变形破坏过程。他们发现，剪切带形成于剪切强度之前；随着围压的增加，密实的丰浦砂试样的剪切强度增加，剪切带宽度减小而剪切带倾角变化不大；丰浦砂试样的相对密度越大，剪切强度越大，剪切应力的峰值对应的轴向应变越低，剪切带宽度越小，而剪切带倾角越大。

王鹏鹏等(2020)利用DIC方法观测了平面应变条件下砂样的变形破坏过程。他们发现，利用DIC方法得到的应力-应变曲线的峰值对应的时刻要早于利用位移传感器的，位移传感器的结果低估了砂样内部的局部变形。

1.3.2　岩石的应变局部化

潘一山和杨小彬(2001)利用DIC方法观测了单轴压缩条件下砂岩试样和煤样的变形破坏过程。他们发现，砂岩和煤的变形局部化区域是一个倾斜的窄带，其宽度分别为 3.828mm 和 4.6875mm；砂岩试样在 70%峰值应力后开始形成稳定的剪切带，煤样在峰值应力时出现稳定的剪切带；剪切带的内应变是带外的 20 倍。

马少鹏和周辉(2008)利用DIC方法观测了单轴压缩条件下含圆孔大理岩试样的最大剪切应变场的演变过程。他们发现，应变局部化开始于应力-应变曲线峰值之前且接近于峰值的时刻。

刘招伟和李元海(2010)利用DIC方法观测了单轴压缩条件下含孔洞岩样的变形破坏过程。他们发现，含孔洞岩样的剪切带出现在岩样应力首次达到 80%的峰值应力，此时应变局部化最为剧烈。

张东明等(2011)利用DIC方法观测了单轴压缩条件下两种软岩的剪切带形成过程。他们发现，与脆性岩石相比，软岩的剪切带启动时间早，发展过程稳定、持续；软岩剪切带内的变形速度为带外的 20 倍左右，剪切带宽度约为 4mm，倾角约为 50°。

宋义敏等(2012)利用DIC方法观测了单轴压缩条件下红砂岩试样的变形破坏过程。他们发现，在变形局部化出现后，明显的位移错动出现，且位移错动经历了线性演化到非线性演化的转变。

杜梦萍等(2016)利用DIC方法观测了巴西劈裂条件下页岩试样的变形破坏过程。他们发现，在峰值应力 20%～40%时，页岩试样整体位移均匀变化；在峰值应力 60%时，页岩试样上、下端部位移出现局部化，有微破裂产生；在峰值应力 90%时，页岩试样上、下端部破裂明显，主裂缝迅速贯穿，并伴有其他位置裂缝产生。

马永尚等(2017)利用DIC方法观测了单轴压缩条件下含孔洞花岗岩试样的变

形破坏过程。他们发现，在试样接近破坏时，X型对称的局部化带出现，但最终只形成一条宏观破坏带。

张巍等(2017)利用DIC方法观测了巴西劈裂条件下红砂岩试样的变形破坏过程。他们发现，在压密阶段，巴西圆盘岩样出现较明显的局部化现象，局部化区域由上下端向中部扩展，在塑性阶段演化为近似中心对称的扇形。

朱泉企等(2019)利用DIC方法观测了单轴压缩条件下含椭圆孔洞大理石试样的变形破坏过程。他们发现，含椭圆孔洞试样的破坏形式包括拉剪混合破坏和剪切破坏，且破坏形式与椭圆的长轴及水平方向的夹角有关；变形破坏过程中的局部高应变区域的出现可预示裂纹的起裂位置和扩展路径。

许江等(2019)利用DIC方法观测了不同围压的三轴压缩条件下江持安山岩试样的变形破坏过程。他们发现，在应变软化阶段，应变局部化带经历了由宽变窄的变化过程，最终形成了贯穿试样的宏观破裂面。

第2章　DIC方法的变形测量原理及实现

本章介绍 DIC 方法的基本原理。针对基于 N-R 迭代方法在相关搜索时出现的局部最优问题,采用粒子群优化算法给 N-R 迭代赋初值。此外,还介绍了几种常见的应变计算方法。

2.1　基 本 原 理

DIC 方法是在 20 世纪 80 年代初由日本的 Yamaguchi(1981)以及美国南卡罗纳大学的 Peters 和 Ranson(1982)等独立提出,主要通过对采集的物体表面变形前后的图像进行相关处理以实现变形场的测量。为了使拍摄的图像具有丰富的信息,物体表面需要覆盖随机分布的散斑。散斑可以是材料的天然纹理(花岗岩、大理石等),也可以是人工涂料制成的斑点。

在利用 DIC 方法进行变形测量时,首先,选择参考图像(变形前图像)和目标图像(变形后图像);其次,在参考图像上以测点 $P(x,y)$ 为中心选择一个 $(2M+1)$ pixel $\times$ $(2M+1)$ pixel 的样本子区;最后,通过相关运算在目标图像上找到与样本子区最相似的目标子区,其中心点 $P'(x',y')$ 即为 $P(x,y)$ 变形后的位置。DIC 方法的原理如图 2-1 所示。

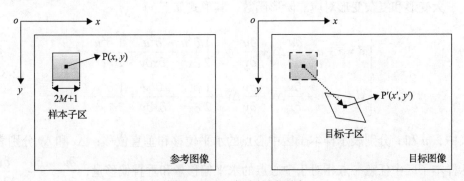

图 2-1　DIC 方法的原理图

样本子区和目标子区的相似程度可以用相关系数表示,较为常用的是 C_{ZNCC} 相关系数。设样本子区的灰度为 f,目标子区的灰度为 g,则 C_{ZNCC} 可以表示为

$$C_{ZNCC}(\boldsymbol{p}) = \frac{\sum_{x=-M}^{M}\sum_{y=-M}^{M}\left[f(x,y)-\overline{f}\right]\left[g(x',y')-\overline{g}\right]}{\sqrt{\sum_{x=-M}^{M}\sum_{y=-M}^{M}\left[f(x,y)-\overline{f}\right]^2\sum_{x=-M}^{M}\sum_{y=-M}^{M}\left[g(x',y')-\overline{g}\right]^2}} \tag{2-1}$$

式中，$\overline{f}=\sum_{x=-M}^{M}\sum_{y=-M}^{M}f(x,y)\Big/(2M+1)^2$；$\overline{g}=\sum_{x=-M}^{M}\sum_{y=-M}^{M}g(x',y')\Big/(2M+1)^2$；$\boldsymbol{p}$ 表示变形参数。C_{ZNCC} 的范围为 $[-1,1]$，其值越大代表相关性越高。在 $C_{ZNCC}=1$ 时，样本子区和目标子区是完全相关的。

2.1.1 形函数

在计算 C_{ZNCC} 时，需要对样本子区的变形进行描述，即要知道目标子区的位置。由于样本子区中有 $(2M+1)\times(2M+1)$ 个像素，每个像素有水平位移和垂直位移两个变量，这就需要有 $2\times(2M+1)^2$ 个变量才能描述样本子区的变形。为了更简单地描述子区的变形，引入了形函数的概念。

均匀变形对应一阶形函数，其形式如下：

$$\begin{cases} x' = x+u+\dfrac{\partial u}{\partial x}\Delta x+\dfrac{\partial u}{\partial y}\Delta y \\[3mm] y' = y+v+\dfrac{\partial v}{\partial x}\Delta x+\dfrac{\partial v}{\partial y}\Delta y \end{cases} \tag{2-2}$$

大变形和复杂变形对应二阶形函数，其形式如下：

$$\begin{cases} x' = x+u+\dfrac{\partial u}{\partial x}\Delta x+\dfrac{\partial u}{\partial y}\Delta y+\dfrac{1}{2}\dfrac{\partial^2 u}{\partial x^2}+\dfrac{\partial^2 u}{\partial x\partial y}+\dfrac{1}{2}\dfrac{\partial^2 u}{\partial y^2} \\[3mm] y' = y+v+\dfrac{\partial v}{\partial x}\Delta x+\dfrac{\partial v}{\partial y}\Delta y+\dfrac{1}{2}\dfrac{\partial^2 v}{\partial x^2}+\dfrac{\partial^2 v}{\partial x\partial y}+\dfrac{1}{2}\dfrac{\partial^2 v}{\partial y^2} \end{cases} \tag{2-3}$$

式中，u 和 v 分别表示样本子区中心点的水平位移和垂直位移；Δx 和 Δy 分别表示样本子区中任意一点相对于中心点的水平偏移量和垂直偏移量；$\dfrac{\partial u}{\partial x}$、$\dfrac{\partial u}{\partial y}$、$\dfrac{\partial v}{\partial x}$ 和 $\dfrac{\partial v}{\partial y}$ 表示子区位移的一阶偏导数；$\dfrac{\partial^2 u}{\partial x^2}$、$\dfrac{\partial^2 u}{\partial x\partial y}$、$\dfrac{\partial^2 u}{\partial y^2}$、$\dfrac{\partial^2 v}{\partial x^2}$、$\dfrac{\partial^2 v}{\partial x\partial y}$ 和 $\dfrac{\partial^2 v}{\partial y^2}$ 分别表示子区位移的二阶偏导数。对于一阶形函数 $\boldsymbol{p}=\left[u,v,\dfrac{\partial u}{\partial x},\dfrac{\partial u}{\partial y},\dfrac{\partial v}{\partial x},\dfrac{\partial v}{\partial y}\right]^{\mathrm{T}}$。对于二

阶形函数 $p = \left[u, v, \dfrac{\partial u}{\partial x}, \dfrac{\partial u}{\partial y}, \dfrac{\partial v}{\partial x}, \dfrac{\partial v}{\partial y}, \dfrac{\partial^2 u}{\partial x^2}, \dfrac{\partial^2 u}{\partial x \partial y}, \dfrac{\partial^2 u}{\partial y^2}, \dfrac{\partial^2 v}{\partial x^2}, \dfrac{\partial^2 v}{\partial x \partial y}, \dfrac{\partial^2 v}{\partial y^2} \right]^{\mathrm{T}}$ 。

2.1.2　灰度插值

在计算 C_{ZNCC} 时，还需要用到目标子区的灰度。由于目标子区并不总是在整像素位置，因此需要对变形后的图像灰度进行插值以获得亚像素位置处的灰度。常见的插值方法有线性插值、双线性插值、双三次样条插值及多项式插值等，其中双三次样条插值的光滑性最好。

双三次样条插值问题可被表述如下：在二维平面 xoy 内，已知所有样本点 (x_i, y_j) 的样本值 $z(x_i, y_j)$，$i=1 \sim N_x$（N_x 是 x 方向上的节点总数），$j=1 \sim N_y$（N_y 是 y 方向上的节点总数），将插值区间划分成一个个四边形，在每个四边形内构造插值函数 $F(x, y)$ 需要满足下列三个条件：

(1) $F(x, y)$、$\dfrac{\partial F(x, y)}{\partial x}$、$\dfrac{\partial F(x, y)}{\partial y}$、$\dfrac{\partial F^2(x, y)}{\partial^2 x}$、$\dfrac{\partial F^2(x, y)}{\partial x \partial y}$ 及 $\dfrac{\partial F^2(x, y)}{\partial^2 y}$ 在区间内连续。

(2) $F(x, y)$ 在每个四边形内是不大于三阶的多项式。

(3) $F(x_i, y_j) = z(x_i, y_j)$。

$F(x, y)$ 为双三次样条插值函数：

$$F(x, y) = \sum_{i_1=0}^{3} \sum_{i_2=0}^{3} a_{i_1 i_2} x^{i_1} y^{i_2} \tag{2-4}$$

式中，$a_{i_1 i_2}$ 表示多项式的系数；i_1、i_2 分别表示多项式中 x、y 的幂。

根据上述三个条件和相应的边界条件，可以获得插值系数。在相关搜索时，可直接调用插值系数获得图像的亚像素灰度，这极大地提高了计算效率。

2.1.3　相关搜索

为找到与样本子区最相似的目标子区，需要获得 C_{ZNCC} 的最大值。通常将这个过程称为相关搜索。常用的相关搜索方法有十字搜索方法、N-R 迭代方法、梯度方法及曲面拟合方法等，其中，N-R 迭代方法的计算精度最高且稳定性最佳。

在获得 C_{ZNCC} 的最大值时，其一阶导数应为零：

$$\nabla C_{\mathrm{ZNCC}}(p) = \nabla C_{\mathrm{ZNCC}}(p_0) + \nabla \nabla C_{\mathrm{ZNCC}}(p_0)(p - p_0) = 0 \tag{2-5}$$

则 p 的 N-R 迭代格式为

$$p = p_0 - \frac{\nabla C_{\mathrm{ZNCC}}(p_0)}{\nabla \nabla C_{\mathrm{ZNCC}}(p_0)} \tag{2-6}$$

式中，p_0 表示 p 的初始估计值；$\nabla C_{\text{ZNCC}}(p_0)$、$\nabla\nabla C_{\text{ZNCC}}(p_0)$ 分别表示 $C_{\text{ZNCC}}(p)$ 在 p_0 处的一阶和二阶导数。一般地，以相邻两次迭代的 C_{ZNCC} 之差的绝对值小于 10^{-6} 作为迭代终止条件。当 p_0 较好时，经过少量迭代后，C_{ZNCC} 即可达到精度要求。值得注意的是，N-R 迭代方法是一种局部搜索算法，对 p_0 有一定要求。若 p_0 给得不好，N-R 迭代方法很容易陷入局部最优且不容易跳出。为此，需要采用其他算法给 N-R 迭代赋初值。

2.2 方法介绍

2.2.1 PSO 简介

1995 年，Kennedy 和 Eberhart(1995)基于鸟群觅食行为提出了粒子群优化算法(particle swarm optimization，PSO)，该算法概念简明，实现方便，收敛速度快，参数设置少，是一种高效的搜索算法。假设在搜索区域内只有一块食物，所有的小鸟都不知道食物在什么地方。鸟群之间相互交换信息，通过估计自身的适应度值，它们知道当前离食物的位置。在当前离食物最近的位置附近，通过鸟群之间的集体协作找到食物。PSO 就是从这种现象中得到启示并用于解决优化问题。每个优化问题的潜在解就可以想象成搜索区域内的一只鸟，称为"粒子"，粒子主要追随解空间中当前的最优粒子，进而通过迭代找到最优解。

在每一次迭代中，粒子通过跟踪两个极值更新自己。一个是粒子本身找到的最优解，这个解是个体极值；另一个是整个种群目前找到的最优解，这个解是全局极值。通过个体极值、全局极值以及速度不断更新粒子的位置，直到找到最优位置。

2.2.2 基于 PSO 的整像素方法

在 DIC 方法中，经常采用精度较高的 N-R 迭代方法进行相关搜索。N-R 迭代方法是一种局部搜索算法，其收敛半径只有 6～7pixel。为避免 N-R 迭代方法陷入局部最优，采用具有全局搜索能力的 PSO 进行整像素搜索，并将结果作为 N-R 迭代方法的初值。基于 PSO 的整像素方法流程如图 2-2 所示。详细步骤如下。

(1)初始化粒子的位置 x_{id}^0、速度 v_{pid}^0、个体极值 A_{id}^0 以及全局极值 pg_{id}^0，其中，A_{id}^0 为整数，$i=1,2,3,\cdots,N_0$，N_0 表示粒子的个数，d 表示粒子的维度，$d=0,1,2$，0 表示第 0 代粒子。

(2)计算第 i 个粒子的适应度 e_i^N，其中，N 表示粒子的代数，$N=1,2,3,\cdots,N_{\max}$，

$N_{\max}$ 表示粒子的最大代数。以每个粒子为中心，选择目标子区。根据式(2-1)，计算每个粒子对应的目标子区与样本子区的 C_{ZNCC}。这里，将得到的 C_{ZNCC} 称为粒子的适应度。

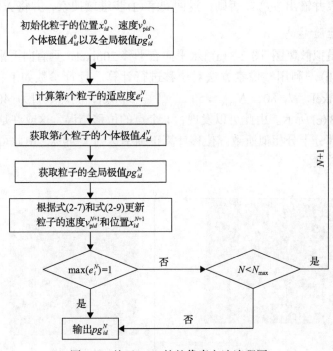

图 2-2　基于 PSO 的整像素方法流程图

（3）获取第 i 粒子的个体极值 A_{id}^N。将粒子 x_{id}^N 当前的适应度与当前个体极值 A_{id}^{N-1} 时的适应度相比较。若粒子当前的适应度大于当前个体极值时的适应度，则 $A_{id}^N = x_{id}^N$。

（4）获取粒子的全局极值 pg_{id}^N。将所有个体极值 A_{id}^N 中适应度最高的粒子的位置作为全局极值 pg_{id}^N。

（5）根据个体极值 A_{id}^N 和全局极值 pg_{id}^N 更新粒子的速度 v_{pid}^{N+1} 和位置 x_{id}^{N+1}：

$$v_{pid}^{N+1} = \omega v_{pid}^N + c_1 r_1 (pg_{id}^N - x_{id}^N) + c_2 r_2 (A_{id}^N - x_{id}^N) \tag{2-7}$$

$$\omega = \omega_{\max} - N \frac{\omega_{\max} - \omega_{\min}}{N_{\max}} \tag{2-8}$$

$$x_{id}^{N+1} = \lceil x_{id}^N + v_{pid}^{N+1} \rceil \tag{2-9}$$

式中，$\lceil x_{id}^N + v_{pid}^{N+1} \rceil$ 表示对 $x_{id}^N + v_{pid}^{N+1}$ 向下取整；c_1、c_2 为加速常数，一般取

$c_1 = c_2 = 2$；r_1 和 r_2 分别为[0,1]之间的随机数；ω 为惯性常数，其随着 N 的增加而线性递减，其最大值 $\omega_{\max}$ 和最小值 $\omega_{\min}$ 分别为 1.4 和 0。

（6）当第 N 代粒子的适应度的最大值 $\max(e_i^N) = 1$ 时或当迭代次数 $N = N_{\max}$ 时，停止搜索并输出 pg_{id}^N。否则，返回到第（2）步继续搜索，并将 N 增加 1。

1）方法检验

将一幅模拟散斑图[图 2-3（a）]水平向右平移 20pixel，垂直向下平移 18pixel，得到图 2-3（b）。利用整像素方法对位移进行计算。计算参数如下：子区尺寸=21pixel×21pixel，N_0=80，$N_{\max} = 50$，$v_p^{\max} = 5\,\text{pixel}$，测点数目为 400 个。位移结果如图 2-3（c）所示。由此可以发现，4 个点的位移错误，这或许是由于模拟散斑图中个别部分十分相似所致。位移计算正确率达到了 99%，由此可以证明整像素方法的有效性。

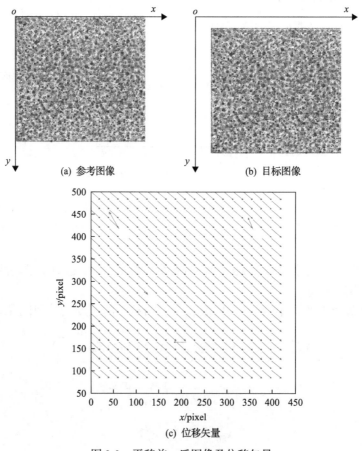

(a) 参考图像　　　　　　　(b) 目标图像

(c) 位移矢量

图 2-3　平移前、后图像及位移矢量

为了检验整像素方法能否跳出局部最优，对某一点的位移进行计算。以该点为中心选取尺寸为 21pixel×21pixel 的样本子区，计算 80pixel×80pixel 区域内的 C_{ZNCC}，其结果如图 2-4 所示。由此可以发现，C_{ZNCC} 有一个最高峰，在其附近还有两个较高的局部峰，这说明该点附近的散斑较为相似。

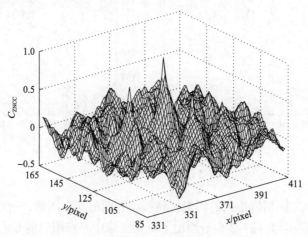

图 2-4　80pixel×80pixel 区域内的 C_{ZNCC} 分布

图 2-5(a)～(d)分别给出了 N=1、10、20 及 25 时粒子的位置，同时，还给出了 C_{ZNCC} 的等值线图。在对该点的位移进行计算时，计算参数如下：$N_{max} = 30$，$v_p^{max} = 10$pixel，$N_0 = 10$，子区尺寸=21pixel×21pixel 及搜索域=60pixel×60pixel。其中，最优解位于正中央。由此可以发现，第 1 代粒子的分布是杂乱无章的，第 10 代粒子整体上向最优解靠拢，第 20 代大部分粒子分布在最优解附近，第 25 代标记为六角星的粒子与最优解重合。

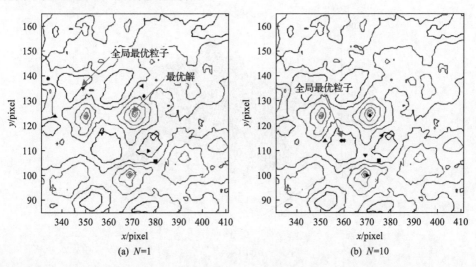

(a) N=1　　　　　　　　　　　　　　(b) N=10

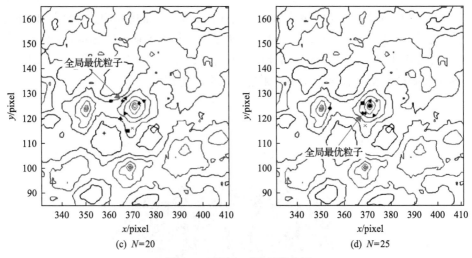

(c) $N=20$ (d) $N=25$

图 2-5 不同 N 时粒子的位置

对于利用 CCD 相机拍摄的相似材料模型表面的真实图像,一些点附近的天然散斑场可能比较类似。图 2-6(a)给出了真实图像中一点附近的 C_{ZNCC} 分布,子区尺寸=21pixel×21pixel。变形前、后的真实图像如图 2-6(b)、(c)所示。由图 2-6(a)可以发现,C_{ZNCC} 最高峰位于正中央,该峰最陡峭;在离正中央远些的位置,存在一些稍矮的局部峰。图 2-6(d)、(e)分别给出了 $N=1$ 及 10 时粒子的位置。在计算该点的位移时,计算参数如下:$N_{max}=20$,$v_p^{max}=5pixel$,$N_0=10$,子区尺寸=21pixel×21pixel,搜索域=60pixel×60pixel。由图 2-6(e)可以发现,当 $N=10$ 时,有多个粒子非常接近最优解。

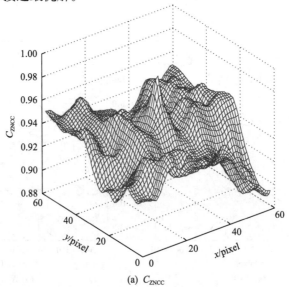

(a) C_{ZNCC}

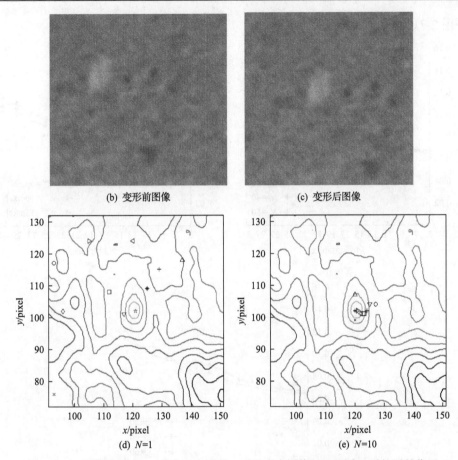

图 2-6　一点周围的 C_{ZNCC} 分布，变形前、后的真实图像以及不同 N 时粒子的位置

由图 2-5 及图 2-6(d)、(e)可以发现，对于模拟散斑图和真实图像，虽然 C_{ZNCC} 分布存在多个局部峰，但是利用整像素方法仍能快速地找到最优解。

2)计算时间的影响因素分析

整像素方法的主要参数有样本子区尺寸、N_0、v_p^{max} 和 N_{max}。在保证计算精度的同时，应尽可能地减少计算时间。因此，有必要研究主要参数对计算时间的影响。

将一幅模拟散斑图水平向右平移 10pixel，垂直向下平移 15pixel。对同一点的位移进行计算，搜索域=30pixel×30pixel。将同一组参数的 30 次正确结果所用时间的平均值作为计算时间。所用计算机的内存为 4GB，CPU 为 Intel Core2 Q6600。

图 2-7(a)～(c)分别给出了不同 N_0、v_p^{max} 和 N_{max} 时子区尺寸对计算时间的影响。在图 2-7(a)中，$N_{max}=40$，$v_p^{max}=10$pixel。在图 2-7(b)中，$N_{max}=20$，$N_0=40$。

在图 2-7(c) 中，$N_0=40$，$v_p^{max}=10\text{pixel}$。

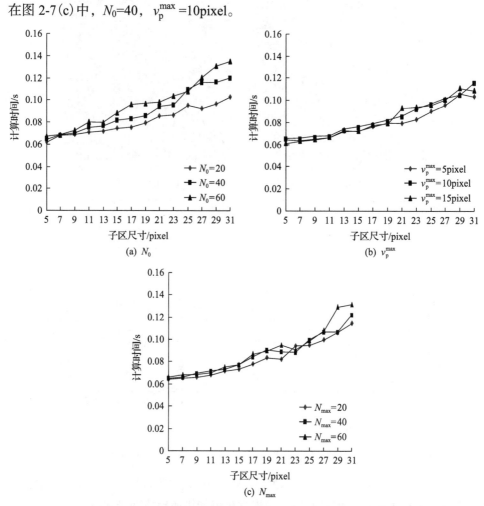

图 2-7　不同 N_0、v_p^{max} 和 N_{max} 时子区尺寸对计算时间的影响

由图 2-7 可以发现，随着子区尺寸的增加，计算时间逐渐增加。子区尺寸增加会增加相关运算量，从而增加计算时间。还可以发现，当 N_0 较大时，计算时间往往较长；N_{max} 的变化对计算时间的影响很小，当 N_{max} 较大时，计算时间略有增加。

图 2-8(a)、(b) 分别给出了不同子区尺寸时 N_0 对计算时间的影响。在图 2-8(a)、(b)中，$N_{max}=40$，v_p^{max} 分别为 10pixel 和 5pixel。

由图 2-8 可以发现，子区尺寸较大的曲线都在子区尺寸较小的曲线上面，这与图 2-7 中的结果相类似。随着 N_0 的增加，计算时间先增加，后趋于平稳。当子区尺寸较小时，随着 N_0 的增加，计算时间增加较慢；当子区尺寸较大时，随着

N_0 的增加，计算时间增加较快。对于图 2-8(a)中最上面的两条曲线，当 N_0 大于 30 时，一条趋于平稳，另一条以振荡方式上升。N_0 的增加会从两方面影响计算时间：一方面，每代的相关运算量增加，这会增加计算时间；另一方面，N_0 的增加会使粒子间共享的信息增加，可能有更多的粒子接近最优解，这会增加算法的收敛速度，从而可以减少计算时间。

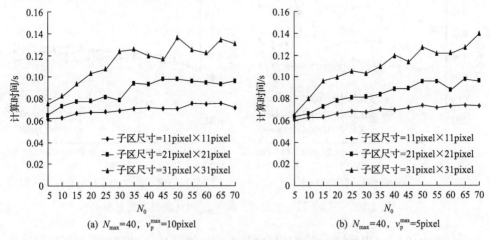

(a) $N_{\max}=40$, $v_p^{\max}=10\text{pixel}$　　　　　(b) $N_{\max}=40$, $v_p^{\max}=5\text{pixel}$

图 2-8　不同子区尺寸时 N_0 对计算时间的影响

图 2-9(a)、(b)分别给出了不同 N_0 及子区尺寸时 $v_p^{\max}$ 对计算时间的影响。在图 2-9(a)中，子区尺寸=21pixel×21pixel，$N_{\max}=20$。在图 2-9(b)中，$N_{\max}=40$，$N_0=40$。由图 2-9 可以发现，随着 $v_p^{\max}$ 的增长，计算时间在某一位置波动。因此，$v_p^{\max}$ 对计算时间没有太大的影响，这与图 2-7(b)中的现象类似。

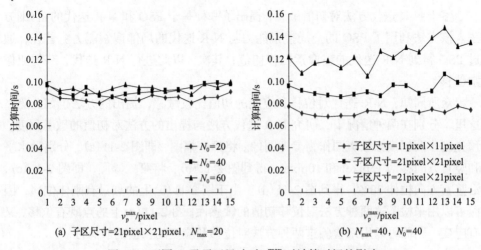

(a) 子区尺寸=21pixel×21pixel, $N_{\max}=20$　　　(b) $N_{\max}=40$, $N_0=40$

图 2-9　不同 N_0 及子区尺寸时 $v_p^{\max}$ 对计算时间的影响

图 2-10(a)、(b)分别给出了不同子区尺寸及 v_p^{max} 时 N_{max} 对计算时间的影响。在图 2-10(a)中，N_0=40，v_p^{max}=10pixel。在图 2-10(b)中，子区尺寸=21pixel×21pixel，N_0=20。

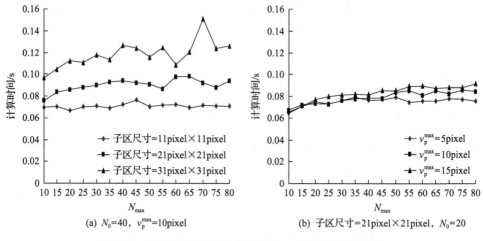

(a) N_0=40，v_p^{max}=10pixel   (b) 子区尺寸=21pixel×21pixel，N_0=20

图 2-10   不同子区尺寸及 v_p^{max} 时 N_{max} 对计算时间的影响

由图 2-10(a)可以发现，当子区尺寸较小时，随着 N_{max} 的增加，计算时间变化不大，这与图 2-7(c)前半部分反映的规律类似。由图 2-10(b)可以发现，当 N_{max} 较小时，随着 N_{max} 的增加，计算时间少量增加；当 N_{max} 增加到一定值时，计算时间已无明显增加。

2.2.3 基于 PSO 和 N-R 迭代的粗-细方法

鉴于 N-R 迭代方法对初值敏感，提出了一种基于 PSO 和 N-R 迭代的粗-细方法。该方法利用了 PSO 的全局搜索能力与 N-R 迭代的局部搜索能力：首先，通过 PSO 得到 N-R 迭代的整像素位移初值；其次，以此进行 N-R 迭代，获得亚像素位移。

众所周知，N-R 迭代对位移和应变的初值比较敏感，提出的方法也如此吗？这里，分别在两种情况下，研究 N-R 迭代方法与提出的方法对初值的敏感程度。预先制作两幅模拟散斑图作为参考图像。将第一幅图，即图 2-11(a)，分别沿水平和竖直方向移动 15pixel 和 10pixel，得到图 2-11(b)；将第二幅图，即图 2-11(c)，沿竖直方向拉伸 20%，得到图 2-11(d)。由于图 2-11(b)上的点只有刚体位移，因而可以用来检验这两种方法对位移初值的敏感性。图 2-11(d)上的点既有位移，又有应变，因而可以用来检验这两种方法对位移和应变的初值的敏感性。

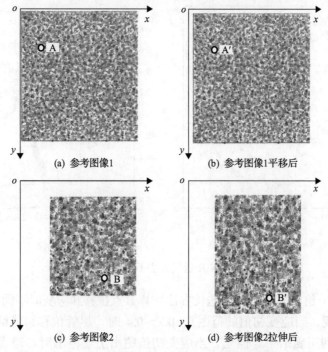

(a) 参考图像1　　　　　　　　　(b) 参考图像1平移后

(c) 参考图像2　　　　　　　　　(d) 参考图像2拉伸后

图 2-11　两幅参考图像及对应的目标图像

在图 2-11(a) 中选取一点 A(120pixel, 128pixel)，其在平移后的图像[图 2-11(b)] 上坐标为 A′(135pixel，138pixel)。使用 N-R 迭代方法对该点的位移进行了 11 次 计算，每次计算初值不同，其中，位移初值的位置与位移全局最优解的位置距离 d_p 分别为 3pixel、5pixel 及 7pixel。计算参数如下：子区尺寸=21pixel×21pixel， 迭代终止条件为两次相邻的 N-R 迭代的 C_{ZNCC} 之差的绝对值小于 10^{-6}。

图 2-12(a) 给出了利用 N-R 迭代方法计算 A 点位移时不同初值的轨迹。由此 可以发现，当 d_p=3pixel 时，对于 4 个初值，利用 N-R 迭代方法均能搜索到全局 最优解；当 d_p=5pixel 时，对于其中的 2 个初值，搜索到了全局最优解，而对于另 外 2 个初值，搜索到了局部最优解；而当 d_p=7pixel 时，对于其中的 3 个初值，搜 索到了局部最优解。由此可见，随着 d_p 增加，能搜索到全局最优解的可能性越来 越小，这在一定程度上表明 N-R 迭代方法对位移初值比较敏感。

在图 2-11(c) 中选取一点 B(280pixel, 300pixel)，在变形后的图像[图 2-12(d)] 上的准确坐标为 B′(280pixel，350pixel)，垂直线应变 v_y 的理论结果为 0.2。使用 N-R 迭代方法对该点的位移进行了 10 次计算，每次计算迭代初值不同。在其中 8 次计算时，d_p=3pixel，应变初值在−0.4～0.6，而在另外两次计算时，d_p=0pixel，v_y 初值与理论结果相差较大，分别为−0.8 和−0.6。

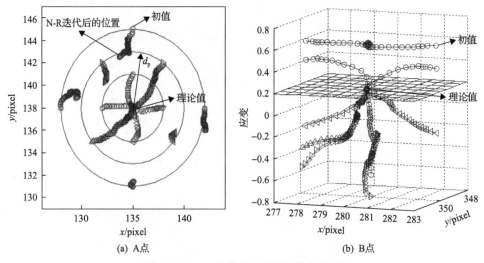

图 2-12　　N-R 迭代方法不同初值的轨迹

　　图 2-12(b) 给出了利用N-R 迭代方法计算B 点位移和应变时不同初值的轨迹。由此可以发现，当应变初值的范围在–0.2～0.4 时，尽管位移初值给得不好，通常也能搜索到正确结果。但是，当应变初值超出上述范围时，通常不能得到好的结果。当位移初值给得好时，应变初值选择为–0.6 时可以得到好的结果，而应变初值选择为–0.8 时却不能。因此，可以认为 N-R 迭代方法对应变初值也比较敏感。

　　由以上两个算例发现，N-R 迭代方法只有在初值非常接近理论值时才有效。那么，提出的方法是否会对初值敏感呢？

　　使用提出的方法对图 2-11 (a) 中 A 点的位移进行计算，结果如图 2-13 (a) 所示。计算参数如下：搜索域=25pixel×25pixel，v_p^{max} =1pixel，N_0=4，N_{max} = 6。上文已提及，在使用 N-R 迭代方法时，当 d_p=7pixel 时，对于所有初值，都不能搜索到全局最优解[图 2-12(a)]。这里，提出的方法中的 4 个粒子的 d_p=7pixel。

　　图 2-13 (a) 给出了利用提出的方法计算 A 点位移时不同初值的轨迹。由此可以发现，4 个粒子经过 6 次迭代后，与全局最优解的位置都比较接近，全局最优粒子与其距离不到 1pixel。在进行最后的 N-R 迭代时，全局最优粒子在几步之内就搜索到了正确结果。此外，在每次 N-R 迭代时，粒子移动的距离比较小；而在 PSO 中，每次迭代时粒子移动的距离比较大。

　　使用提出的方法对图 2-11 (c) 中 B 点的位移和应变进行计算，计算参数同上。上文已提及，在应变初值等于–0.4 和 0.6 时，且当 d_p=3pixel 时，利用 N-R 迭代方法不能搜索到全局最优解[图 2-12(b)]。这里，提出的方法中的 4 个粒子的 d_p=3pixel，其中，2 个粒子的应变初值为–0.4，2 个粒子的应变初值为 0.6。

　　图 2-13(b)给出了利用提出的方法计算 B 点位移时不同初值的轨迹。由此可以发现，N-R 迭代是"小步走"，PSO 中的迭代是"大步走"，这与图 2-13(a)类似。当迭代结束时，全局最优粒子已经非常接近全局最优解，其应变与应变理论值也比较接近。在如此条件下，进行最后的 N-R 迭代，很容易搜索到全局最优解。

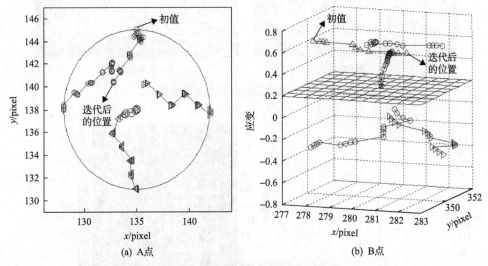

(a) A点　　　　　　　　　　　　　　(b) B点

图 2-13　提出的方法不同初值的轨迹

　　上述结果显示，当 N-R 迭代方法完全失效时，利用提出的方法通常能搜索到全局最优解。这说明和 N-R 迭代方法相比，提出的方法对初值的要求较为宽松。这可能是由于 PSO 中粒子之间的信息共享机制更新了位移，N-R 迭代更新了位移和应变。经过这两种方法的多次迭代后，当前的位移和应变较它们的初值都得到了一定的改善。以当前的位移和应变作为初值进行最后的 N-R 迭代，通常会取得较好的效果。

　　为了检验提出方法的准确性,计算了某一相似材料模型受载后的位移和应变。图 2-14(a)为参考图像，图 2-14(b)为变形后的图像。在图 2-14(a)中选择一块矩形区域作为计算区域，在该区域内布置23×17 个测点，测点间隔为5pixel，其他计算参数同图 2-13。图 2-15(a)、(b)分别给出了位移矢量场和水平线应变场。同时，为了对比分析，还给出了 N-R 迭代方法的位移矢量场和水平线应变场，如图 2-16所示。

　　由图 2-15(a)可以发现，位移矢量场中无明显的奇异点。由图 2-15(b)可以发现，高应变区呈"y"字形，该区域恰好与图 2-15(a)中的位移矢量场中位移梯度较大的区域相对应。上述计算结果表明，利用提出的方法能较为准确地观测相似材料模型表面的位移及应变的分布规律。

(a) 参考图像　　　　　　　　　　　(b) 变形后的图像

图 2-14　相似材料模型表面散斑图

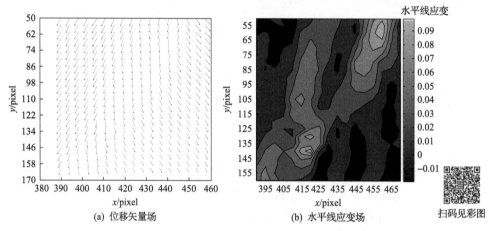

(a) 位移矢量场　　　　　　　　　(b) 水平线应变场

图 2-15　提出的方法的位移矢量场和水平线应变场

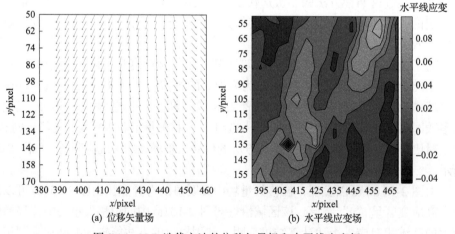

(a) 位移矢量场　　　　　　　　　(b) 水平线应变场

图 2-16　N-R 迭代方法的位移矢量场和水平线应变场

由图 2-16 和图 2-15 对比可以发现，N-R 迭代方法与提出的方法的位移矢量场及水平线应变场大致相同。但是，仔细观察图 2-16(b)可以发现，点(410pixel, 135pixel)的水平线应变为 −0.04，明显比周围点的水平线应变小很多。这说明，在计算这一点的变形时，N-R 迭代方法陷入了局部最优。这意味着，在计算小位移和小应变时，N-R 迭代方法有时也可能陷入局部最优。

为了研究提出的方法与 N-R 迭代方法的计算时间的差异，统计了计算区域的左上角的 5×5 个测点的计算时间。N-R 迭代方法的计算时间为 338s，而提出的方法的计算时间约为其 4 倍。

2.3　应变计算方法

在采用 DIC 方法进行测量时，多关注于应变测量。虽然利用 N-R 迭代方法能直接获得应变，但是由于图像噪声和搜索算法误差的存在，直接获得的应变只在一定范围内可靠。因此，为了获得应变，多对采用 DIC 方法获得的离散位移进行处理。在 DIC 方法中，测点的布置如图 2-17 所示，其中，在计算区域内等间隔选取测点，测点间隔为 δ。

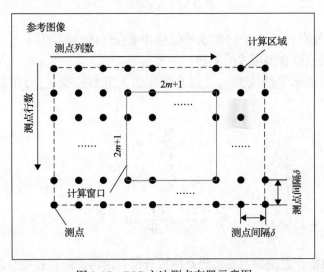

图 2-17　DIC 方法测点布置示意图

2.3.1　中心差分方法

在数学上，应变和位移的关系通常被描述为一种数值差分操作过程。因此，可以对离散位移进行差分得到应变：

$$\begin{cases} \dfrac{\partial u}{\partial x} = \dfrac{u(i,j+1)-u(i,j-1)}{2\delta} \\[2mm] \dfrac{\partial u}{\partial y} = \dfrac{u(i+1,j)-u(i-1,j)}{2\delta} \\[2mm] \dfrac{\partial v}{\partial x} = \dfrac{v(i,j+1)-v(i,j-1)}{2\delta} \\[2mm] \dfrac{\partial v}{\partial y} = \dfrac{v(i+1,j)-v(i-1,j)}{2\delta} \end{cases} \tag{2-10}$$

式中，$u(i,j)$、$v(i,j)$ 分别表示测点的水平位移和垂直位移。数值差分对噪声或误差具有一定的放大作用，这会导致可能失真的应变。

2.3.2　最小二乘拟合方法

在对位移拟合获得应变时，需要以测点为中心选择 $(2m+1)\times(2m+1)$ 个测点的拟合窗口。在进行拟合时，常用的是一次多项式函数：

$$\begin{aligned} U &= a_0 + a_1 x + a_2 y \\ V &= b_0 + b_1 x + b_2 y \end{aligned} \tag{2-11}$$

式中，U、V 分别表示点 (x,y) 的水平位移和垂直位移的拟合值，a_0、a_1、a_2、b_0、b_1 和 b_2 分别表示拟合多项式的系数。

拟合窗口内水平线应变 ε_x、垂直线应变 ε_y 和剪应变 γ_{xy} 可用多项式的系数表示：

$$\begin{aligned} \varepsilon_x &= \frac{\partial U}{\partial x} = a_1 \\[2mm] \varepsilon_y &= \frac{\partial V}{\partial y} = b_2 \\[2mm] \gamma_{xy} &= \frac{\partial U}{\partial y} + \frac{\partial V}{\partial x} = a_2 + b_1 \end{aligned} \tag{2-12}$$

最小二乘拟合方法的主要思想是使拟合窗口内测点的位移拟合值与测量值偏差的平方和 E_u 或 E_v 达到最小，E_u 和 E_v 可以表示为

$$\begin{aligned} E_u &= \sum_{i=-m}^{m} \sum_{j=-m}^{m} \left[a_0 + a_1 \cdot x_{ij} + a_2 \cdot y_{ij} - u(i,j) \right]^2 \\ E_v &= \sum_{i=-m}^{m} \sum_{j=-m}^{m} \left[b_0 + b_1 \cdot x_{ij} + b_2 \cdot y_{ij} - v(i,j) \right]^2 \end{aligned} \tag{2-13}$$

式中，(x_{ij}, y_{ij}) 表示拟合窗口内测点的坐标。

由于 E_u 和 E_v 各有 3 个未知量，且 E_u 和 E_v 的求解过程相互独立。可以采用拉格朗日乘数方法求式 (2-13) 的极值。将式 (2-13) 对系数 a_0、a_1、a_2 分别求偏导：

$$\frac{\partial E_u}{\partial a_0} = 2 \sum_{i=-m}^{m} \sum_{j=-m}^{m} [a_0 + a_1 \cdot x_{ij} + a_2 \cdot y_{ij} - u(i,j)]$$

$$\frac{\partial E_u}{\partial a_1} = 2 \sum_{i=-m}^{m} \sum_{j=-m}^{m} [a_0 + a_1 \cdot x_{ij} + a_2 \cdot y_{ij} - u(i,j)] \cdot x_{ij} \qquad (2\text{-}14)$$

$$\frac{\partial E_u}{\partial a_2} = 2 \sum_{i=-m}^{m} \sum_{j=-m}^{m} [a_0 + a_1 \cdot x_{ij} + a_2 \cdot y_{ij} - u(i,j)] \cdot y_{ij}$$

令式 (2-14) 等于零，可得 E_u 极值时系数与测点的位移和坐标的关系式：

$$\begin{bmatrix} (2m+1)^2 & \sum\limits_{i=-m}^{m}\sum\limits_{j=-m}^{m} x_{ij} & \sum\limits_{i=-m}^{m}\sum\limits_{j=-m}^{m} y_{ij} \\ \sum\limits_{i=-m}^{m}\sum\limits_{j=-m}^{m} x_{ij} & \sum\limits_{i=-m}^{m}\sum\limits_{j=-m}^{m} x_{ij}^2 & \sum\limits_{i=-m}^{m}\sum\limits_{j=-m}^{m} x_{ij}y_{ij} \\ \sum\limits_{i=-m}^{m}\sum\limits_{j=-m}^{m} y_{ij} & \sum\limits_{i=-m}^{m}\sum\limits_{j=-m}^{m} x_{ij}y_{ij} & \sum\limits_{i=-m}^{m}\sum\limits_{j=-m}^{m} y_{ij}^2 \end{bmatrix} \begin{bmatrix} a_0 \\ a_1 \\ a_2 \end{bmatrix} = \begin{bmatrix} \sum\limits_{i=-m}^{m}\sum\limits_{j=-m}^{m} u(i,j) \\ \sum\limits_{i=-m}^{m}\sum\limits_{j=-m}^{m} u(i,j)x_{ij} \\ \sum\limits_{i=-m}^{m}\sum\limits_{j=-m}^{m} u(i,j)y_{ij} \end{bmatrix} \qquad (2\text{-}15)$$

在式 (2-15) 中，点的坐标和位移已知，通过矩阵运算可获得 $[a_0 \quad a_1 \quad a_2]$：

$$[a_0 \quad a_1 \quad a_2]^{\mathrm{T}} = \boldsymbol{AA}^{-1} \left[\sum_{i=-m}^{m} \sum_{j=-m}^{m} u(i,j) \quad \sum_{i=-m}^{m} \sum_{j=-m}^{m} u(i,j)x_{ij} \quad \sum_{i=-m}^{m} \sum_{j=-m}^{m} u(i,j)y_{ij} \right]^{\mathrm{T}}$$

$$(2\text{-}16)$$

$$\boldsymbol{AA} = \begin{bmatrix} (2m+1)^2 & \sum\limits_{i=-m}^{m}\sum\limits_{j=-m}^{m} x_{ij} & \sum\limits_{i=-m}^{m}\sum\limits_{j=-m}^{m} y_{ij} \\ \sum\limits_{i=-m}^{m}\sum\limits_{j=-m}^{m} x_{ij} & \sum\limits_{i=-m}^{m}\sum\limits_{j=-m}^{m} x_{ij}^2 & \sum\limits_{i=-m}^{m}\sum\limits_{j=-m}^{m} x_{ij}y_{ij} \\ \sum\limits_{i=-m}^{m}\sum\limits_{j=-m}^{m} y_{ij} & \sum\limits_{i=-m}^{m}\sum\limits_{j=-m}^{m} x_{ij}y_{ij} & \sum\limits_{i=-m}^{m}\sum\limits_{j=-m}^{m} y_{ij}^2 \end{bmatrix} \qquad (2\text{-}17)$$

同理，可以获得系数 $[b_0 \quad b_1 \quad b_2]$。

2.3.3　最小一乘拟合方法

对于相对均匀的应变测量，最小二乘拟合方法具有很高的精度(潘兵和谢惠民，2007)。然而，对于非均匀变形条件下的应变测量，例如，应变局部化带内的应变测量，最小二乘拟合方法可能具有较大的误差。当拟合窗口位于非均匀变形区域时，拟合窗口内部测点的应变与其他测点的应变相差较大，这相当于出现了"异常值"。最小二乘拟合方法采用平方这个函数来衡量偏差，这会加大数据中异常值破坏性的影响。

为了抑制拟合窗口中的"异常值"对应变的影响，可采用绝对值函数取代平方函数，由此出现了最小一乘拟合方法。

在对位移进行最小一乘拟合时，要求拟合窗口内位移拟合值与测量值的误差的绝对值之和 E_1 最小，E_1 可以表示为

$$\begin{cases} E_1 = \sum_{i=-m}^{m} \sum_{j=-m}^{m} \left| a_0 + a_1 \cdot x_{ij} + a_2 \cdot y_{ij} - u(i,j) \right| \\ E_2 = \sum_{i=-m}^{m} \sum_{j=-m}^{m} \left| b_0 + b_1 \cdot x_{ij} + b_2 \cdot y_{ij} - v(i,j) \right| \end{cases} \tag{2-18}$$

由于式(2-18)中有绝对值存在，采用解析法难以求极值。式(2-18)的极值问题本质上是一个多元函数的最优化问题，可采用 PSO 求解。PSO 是一种随机搜索算法。在一些参数选择不合适时，PSO 会陷入局部最优。在此，通过引入模拟退火算法提升 PSO 的性能。下面，以 E_1 的极值求解过程为例进行说明。在 PSO 中，通过更新全局粒子和局部最优粒子使 E_1 逐渐接近全局最优解。在迭代过程中，若某次迭代全局最优粒子对应的是 E_1 的局部最优解，则难以继续有效地更新全局最优粒子使 E_1 向全局最优解靠近。此时，PSO 陷入了局部最优。针对这种情况，利用模拟退火算法从 PSO 的局部最优粒子中选择一个粒子来替代全局最优粒子，这使得 PSO 中全局粒子和局部最优粒子能持续有效地被更新，进而 E_1 的全局最优解被获得。具体步骤如下。

第 1 步：初始化各粒子的速度 v_{pid}^0 和位置 x_{id}^0，其中，i 表示粒子序数，0 表示第 0 代粒子，$i=1,2,\cdots,N_0$，N_0 表示粒子的个数，取 $N_0=30$，d 表示粒子的维度，$d=1\sim3$。

第 2 步：计算各粒子的适应度 e_i^0，确定粒子适应度最小的粒子，其适应度为 $e_g^0 = \min(e_i^0)$，该粒子为全局最优粒子 pg_{id}^0，并初始化局部最优粒子 A_{id}^0。

$$e_i^0 = \sum_{i_1=-m}^{m} \sum_{j_1=-m}^{m} \left| x_{i1}^0 + x_{i2}^0 \cdot x_{i_1 j_1} + x_{i3}^0 \cdot y_{i_1 j_1} - u(i_1, j_1) \right| \tag{2-19}$$

第 3 步：令温度 $T^0 = e_{\mathrm{g}}^0$ ，计算当前温度下各粒子的适应值 TF_i^0 ，并找出 pg_{id}^0 的替代值 pL_d^0 。

$$TF_i^0 = \exp[-(e_i^0 - e_{\mathrm{g}}^0)/T^0] \Bigg/ \sum_{i_2=1}^{N_0} \exp[-(e_{i_2}^0 - e_{\mathrm{g}}^0)/T^0] \qquad (2\text{-}20)$$

第 4 步：根据式 (2-7) 和式 (2-9) 更新各粒子的位置 x_{id}^{N+1} 和速度 $v_{\mathrm{p}id}^{N+1}$ ，计算各粒子的适应度 e_i^{N+1} ，更新 A_{id}^{N+1} 和 pg_{id}^{N+1} ，并进行退温 $T^{N+1} = \lambda T^N$ ，更新 pL_d^{N+1} ，其中，λ 为退温系数，这里取 $\lambda = 0.85$ ，N 为迭代次数。

第 5 步：若 N 超过 200，则停止搜索并输出结果，否则，返回到第 4 步继续搜索，N 加 1。

同理，可得拟合系数 $[b_0 \quad b_1 \quad b_2]$ 。

第3章　虚拟剪切带位移及应变的测量误差分析

本章介绍虚拟剪切带的制作方法，并分析虚拟剪切带的测量误差。对比最小二乘拟合方法和最小一乘拟合方法对于虚拟剪切带应变测量的差异。

3.1　制　作　方　法

3.1.1　模拟散斑图的制作方法

Zhou 和 Goodson(2001)提出了一种模拟散斑图的制作方法。该方法包含三个步骤：首先，在一定区域内随机生成一定数量的点作为散斑中心点；其次，利用式(3-1)计算区域内任一点的灰度；最后，将所有点的灰度 $I(r)$ 保存为数字图像，即可获得模拟散斑图。

$$I(r) = \sum_{i=1}^{s_n} I_0 \exp\left(\frac{-|r - r_i|^2}{s_r^2}\right) \tag{3-1}$$

式中，r 表示任一点的坐标向量；s_n 表示散斑数量；s_r 表示散斑半径；r_i 表示任一散斑中心点的坐标向量；I_0 表示散斑的峰值灰度。

由式(3-1)可知，s_n 和 s_r 对模拟散斑图质量有影响。例如，Zhou 和 Goodson(2001)的研究结果表明，s_r 取在 2～5pixel 时较好。在 Zhou 方法中，散斑密集区域的灰度可能超过最大值，这导致在将灰度矩阵生成数字图像时，高于最大值的部分将被设为最大值。为此，一些研究人员对式(3-1)进行了改进。

Pan 等(2006)对式(3-1)进行了修正，提出了下列公式：

$$I(r) = \sum_{i=0}^{s_n} I_i \exp\left(\frac{-|r - r_i|^2}{s_r^2}\right) \tag{3-2}$$

在式(3-2)中，散斑的峰值灰度 I_i 不再保持为常量，而是随机数。这在一定程度上抑制了多个散斑聚集产生的局部灰度超过最大值的现象。

图 3-1 给出了使用 Zhou 方法制作的模拟散斑图。由此可以发现，随着 s_n 逐渐增大，散斑逐渐聚集，图像的对比度比较强烈，即灰度处于高值和低值的像素较

多，处于中间值的像素较少。例如，当 s_n=500 时，散斑零星地分布，图像色调以黑色为主；当 s_n=1250 时，小散斑聚集成各种不规则的形式，图像上黑色与白色所占比例相近。当 s_n 较大时，一些区域的散斑十分密集。在这些区域，由于散斑重叠在一起，多个像素的灰度可能超过阈值，在保存为数字图像时应截断为最大值。

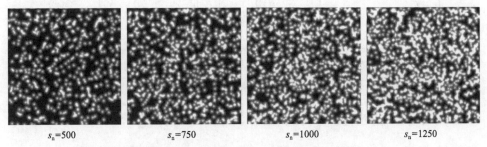

s_n=500　　　　　　s_n=750　　　　　　s_n=1000　　　　　　s_n=1250

图 3-1　使用 Zhou 方法制作的不同 s_n 时的模拟散斑图（s_r=3pixel）

图 3-2 给出了使用 Pan 方法制作的模拟散斑图。由此可以发现，有的散斑较明亮，有的较灰暗，这是由于灰度的峰值随机分布。当散斑较少时，图像较暗；当散斑较多时，一些区域的散斑十分密集，散斑的灰度仍然有较大的变化。

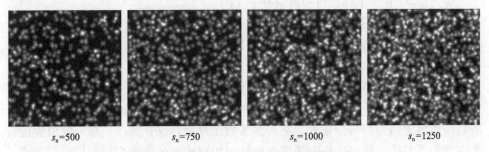

s_n=500　　　　　　s_n=750　　　　　　s_n=1000　　　　　　s_n=1250

图 3-2　使用 Pan 方法制作的不同 s_n 时的模拟散斑图（s_r=3pixel）

3.1.2　虚拟剪切带的制作方法

常见的剪切带模型有两种：一种是常应变剪切带［图 3-3(a)］，剪切带的变形是均匀的简单剪切变形，剪切带外是刚体位移；另一种是含应变梯度的剪切带［图 3-3(b)］，剪切带的变形是非均匀的简单剪切变形，剪切带外是刚体位移。

对于水平常应变剪切带，水平剪切位移 $s(y')$ 为

$$s(y') = \gamma_0 y' \tag{3-3}$$

式中，γ_0 表示水平常应变剪切带内的应变；y' 表示剪切带的法向坐标。

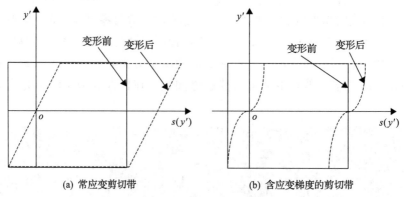

(a) 常应变剪切带　　　　　　　　(b) 含应变梯度的剪切带

图 3-3　两种剪切带模型

对于水平含应变梯度的剪切带（王学滨等，2003），$s(y')$ 为

$$s(y') = \overline{\gamma}_{\mathrm{p}}\left(y' + l\sin\frac{y'}{l} \right) \tag{3-4}$$

式中，$\overline{\gamma}_{\mathrm{p}}$ 表示水平含应变梯度的剪切带的平均塑性剪切应变；l 表示材料的内部长度参数，只与剪切带宽度 w 有关，$l = w/(2\pi)$。

对式 (3-4) 中 y' 求导，可得剪应变 $\gamma_{xy}(y')$：

$$\gamma_{xy}(y') = \overline{\gamma}_{\mathrm{p}}\left(1 + \cos\frac{y'}{l} \right) \tag{3-5}$$

在上述两种模型中，剪切带倾角 θ 为零，而通常 θ 一般大于 45°。为此，需要制作倾斜剪切带。这里，采用上述两种模型及 Rechenmacher 等 (2011) 提出的方法制作倾斜虚拟剪切带。首先，将一张实验图片旋转 θ；其次，在一定位置进行常应变简单剪切；最后，将图像反向旋转 θ 以得到包含倾斜虚拟剪切带的图像。这里，在此基础上，发展如下。

（1）定义剪切带边界。在理论上，剪切位移是 y' 的连续函数。在剪切带制作过程中，仅对图像中离散的像素进行操作。图 3-4 给出了两种不同边界位置的虚拟剪切带。在图 3-4(a) 中，剪切带边界和像素的一个边界重合；在图 3-4(b) 中，剪切带边界在像素的中心。这种区别导致了在位移曲线中定义的 w 相差 1pixel。在图 3-4(b) 中，剪切带内靠近边界的点的位移等于最大剪切位移，这更有利于制作虚拟剪切带。

（2）需要对剪切带外的上下两盘进行刚体平移。根据式 (3-3) 和式 (3-5) 计算平移位移，分别为 $\gamma_0 w/2$ 及 $\overline{\gamma}_{\mathrm{p}} w/2$。

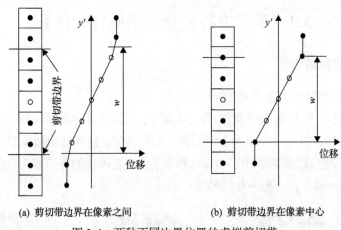

(a) 剪切带边界在像素之间　　　　　　(b) 剪切带边界在像素中心

图 3-4　两种不同边界位置的虚拟剪切带

（3）使用仿射变换使图像发生平移及剪切变形，并使用双三次样条插值对图像灰度进行插值。

为了清晰地显示变形后的结果，图 3-5 给出了原始栅格及两种包含不同倾斜剪切带的栅格，其中，w=30pixel，θ=60°，$\gamma_0 = \overline{\gamma}_p = 0.1745$。应当指出，通过对测点的位置连线获得栅格。由此可以发现，常应变剪切带内的栅格大小几乎相等，而含应变梯度的剪切带内的栅格大小存在明显的差异；常应变的 w 看起来似乎比含应变梯度的 w 大。

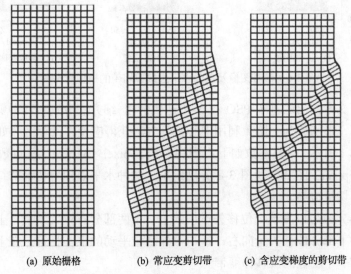

(a) 原始栅格　　　　　(b) 常应变剪切带　　　　(c) 含应变梯度的剪切带

图 3-5　原始栅格及两种包含不同剪切带的变形后栅格

3.2 基于中心差分方法的应变计算

3.2.1 水平虚拟剪切带

1) 形函数对位移和应变的影响

采用式(3-2)制作模拟散斑图[图 3-6(a)]，图像尺寸=384pixel×128pixel，s_r=
5pixel，s_n=225。以图 3-6(a)为参考图像，根据仿射变换和剪切带模型(3.1.2 节)，
制作水平常应变虚拟剪切带[图3-6(b)]和水平含应变梯度的虚拟剪切带[图3-6(c)]，
其中，w=30pixel，$\gamma_0 = \overline{\gamma}_p = 0.1745$。

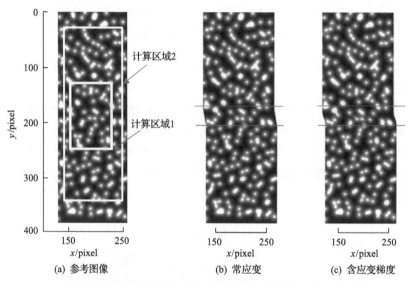

图 3-6　参考图像及包含水平虚拟剪切带的模拟散斑图

使用第 2 章提出的基于 PSO 和 N-R 迭代的粗-细方法分别对两种剪切带的变
形进行计算，形函数为一阶，利用中心差分方法获得应变，计算区域如图 3-6(a)
中计算区域 1 所示。计算参数如下：子区尺寸=31pixel×31pixel，测点数量为 437，
测点间隔=5pixel。图 3-7 和图 3-8 分别给出了两种水平虚拟剪切带的结果，图中
虚线代表剪切带边界。

由图 3-7(a)可以发现，位移矢量场的上、下两部分有较大差别：上部分位移
矢量向左，下部分位移矢量向右，这与带外区域平动的事实相符；在上、下两部
分之间存在一个明显的位移梯度带。

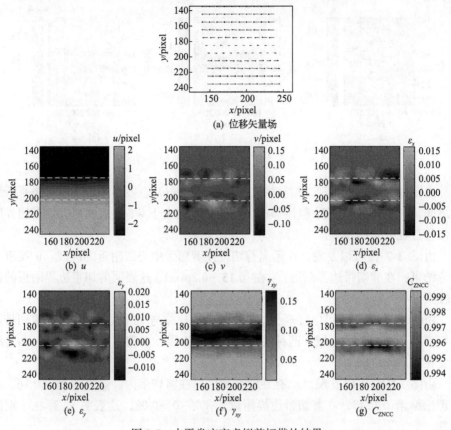

图 3-7　水平常应变虚拟剪切带的结果

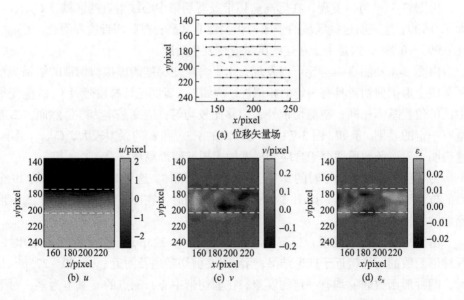

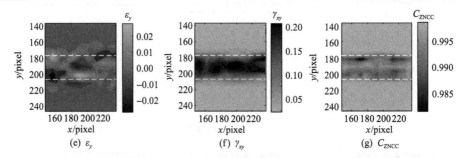

图 3-8　　水平含应变梯度的虚拟剪切带的结果

由图 3-7(b)可以发现，位移梯度带与剪切带的位置[图 3-7(b)中的两条平行线段之间]存在一定的对应，但位移梯度带的宽度稍大于 w，这表明在剪切带边界附近位移存在一定的误差。

由图 3-7(c)可以发现，在远离剪切带及剪切带中心线附近的区域，v 接近于理论结果；在剪切带边界附近，v 在 $-0.15\sim0.2$pixel，这表明剪切带边界附近的误差较大。

由图 3-7(d)、(e)可以发现，ε_x 和 ε_y 的分布规律与 v 的相似：在远离剪切带及剪切带中心线附近的区域，两种线应变均接近于零；在剪切带边界附近，两种线应变在 $-0.02\sim0.02$。

由图 3-7(f)可以发现，γ_{xy} 存在应变集中，在剪切带内，γ_{xy} 在 $0.08\sim0.16$，小于理论结果 0.1745；在剪切带边界附近，γ_{xy} 在 $0\sim0.08$，这表明 γ_{xy} 存在一定的误差。

由图 3-7(g)可以发现，在远离剪切带及剪切带中心线附近的区域，C_{ZNCC} 均大于 0.999，这表明这些区域的子区的相关性非常高；在剪切带边界附近，C_{ZNCC} 在 $0.993\sim0.999$，这是由于在这些区域应变发生阶跃。

由图 3-8 和图 3-7 对比可以发现，水平含应变梯度的虚拟剪切带的结果与水平常应变虚拟剪切带具有一定的相似性。例如，二者的位移梯度带及 γ_{xy} 的应变集中区的位置基本相同；在剪切带外，位移比较均匀，应变基本为零。然而，二者也有一定的差别。例如，图 3-7 中剪切带内的 v、ε_x 和 ε_y 的误差较大，C_{ZNCC} 更小。这表明一阶形函数更适合于含应变梯度的虚拟剪切带测量。

为了获得不同 y 坐标时的 u、v 及 γ_{xy} 的分布规律，这里对相同 y 坐标的 19 个点的位移和应变求均值，如图 3-9 所示。与此同时，在图 3-9 中还给出了二阶形函数的结果。

由图 3-9(a)可以发现，当测点远离剪切带($y>225$pixel 或 $y<160$pixel)时，两种形函数的 u 均接近于理论结果；当测点在剪切带内及附近($y=160\sim225$pixel)时，两种形函数的 u 均有一定的误差。在剪切带中心，测点的 u 基本为零；对于

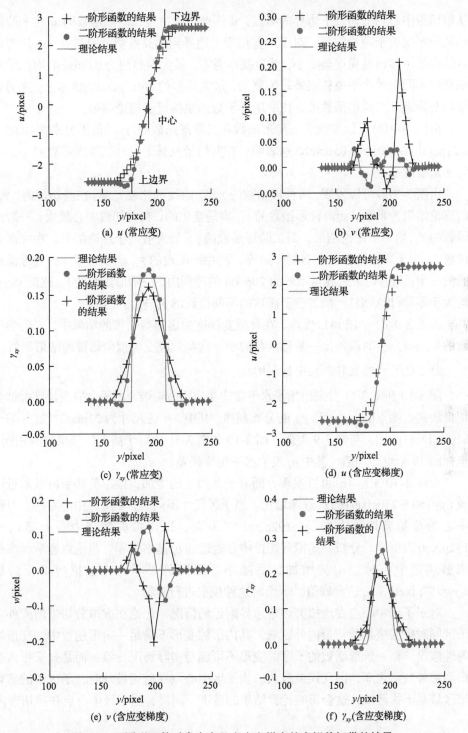

图 3-9　不同形函数时常应变及含应变梯度的虚拟剪切带的结果

从剪切带中心到剪切带下边界的测点，u 逐渐增大，且二阶形函数的 u 比一阶形函数的更接近于理论结果。对于从剪切带上边界到远离剪切带的测点，一阶形函数的水平位移误差先逐渐减小，然后基本为零，最大误差约为 0.6pixel；而二阶形函数的不同位置水平位移误差较为复杂，最大误差约为 0.3pixel。整体上，在剪切带内及附近，二阶形函数的 u 比一阶形函数的更接近于理论结果。

由图 3-9(b)可以发现，一阶形函数和二阶形函数的 v 的范围分别为–0.05～0.21pixel 和–0.05～0.05pixel。这表明，在剪切带及其附近，二阶形函数的 v 比一阶形函数的小。

由图 3-9(c)可以发现，两种形函数的 γ_{xy}-y 曲线都比较光滑。在剪切带内，γ_{xy} 的理论结果为常数，而两种形函数的 γ_{xy} 均是变化的，在剪切带中心最大；一阶形函数的 γ_{xy} 均小于理论结果，而二阶形函数的 γ_{xy} 最大值大于理论结果，在大部分位置 γ_{xy} 小于理论结果。在剪切带边界，两种形函数的 γ_{xy} 基本相等，约为理论结果的一半。从剪切带边界至带外约 20pixel 的范围内，一阶形函数的 γ_{xy} 逐渐减小，均大于零(理论结果)；而二阶形函数的不同位置的 γ_{xy} 较为复杂。

由图 3-9(d)～(f)可以发现，在含应变梯度的虚拟剪切带的结果中，二阶形函数的 u、v 和 γ_{xy} 的误差比一阶形函数的小，这与常应变虚拟剪切带的结果类似。

2)子区尺寸对位移和应变的影响

图 3-10 和图 3-11 分别给出了水平常应变虚拟剪切带及水平含应变梯度虚拟剪切带法向上测点的 u、u_e 和 γ_{xy} 的分布规律，其中，子区尺寸为 21pixel×21pixel～61pixel×61pixel。与图 3-9 类似，图 3-10 和图 3-11 中每个测点的结果均为相同 y 坐标的 19 个点的均值，其中 u_e 表示水平位移误差。

由图 3-10(a)、(b)可以发现，随着子区尺寸的增加，虚拟剪切带内及附近区域(y=150～230pixel)的 u_e 逐渐增加。当子区尺寸不同时，u 及 u_e 中心对称，对称中心为虚拟剪切带中心(y=192pixel)。下面，以虚拟剪切带中心上部(y<192pixel)为例进行分析。虚拟剪切带中心附近的 u_e 基本为零。当测点逐渐远离虚拟剪切带中心时，u_e 先增加，后减小，最后趋于零。在虚拟剪切带边界(y=177pixel)，u_e 达到峰值。下面对这种现象进行解释。

对于子区中心点在虚拟剪切带边界附近的情况，无论在虚拟剪切带内或外，子区同时覆盖虚拟剪切带内外区域，其内部的变形不满足一阶形函数中的变形均匀性假设，则一阶形函数的子区的变形不可能与实际情况一致，而是介于带内变形与带外变形之间，因此误差较大。当子区中心点在剪切带外时，子区中的剪切带区域是干扰区域，这会影响计算结果的精度。同样，当子区中心点在剪切带内

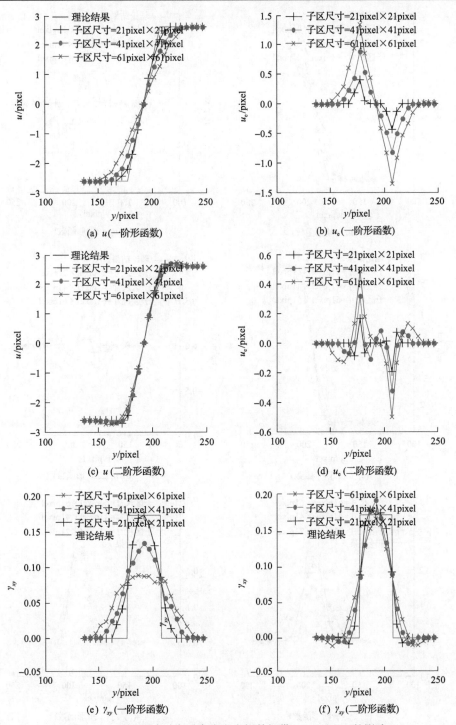

图 3-10　子区尺寸对水平常应变虚拟剪切带 u、u_e 和 γ_{xy} 的影响

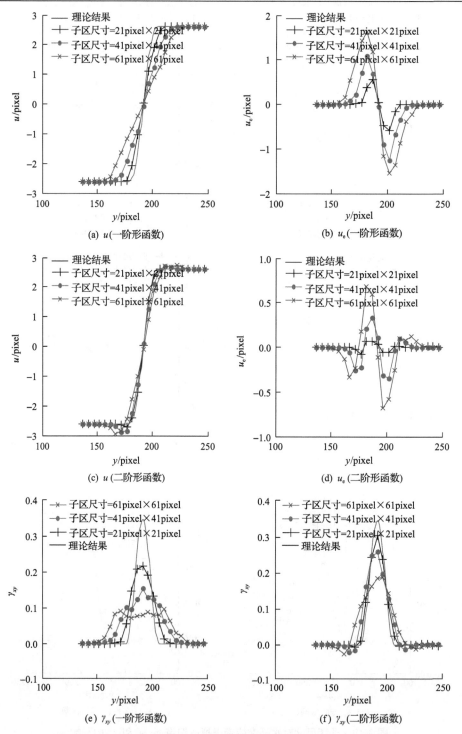

(a) u(一阶形函数)

(b) u_e(一阶形函数)

(c) u(二阶形函数)

(d) u_e(二阶形函数)

(e) γ_{xy}(一阶形函数)

(f) γ_{xy}(二阶形函数)

图 3-11　子区尺寸对水平含应变梯度的虚拟剪切带 u、u_e 和 γ_{xy} 的影响

时，子区中的剪切带外区域是干扰区域。当这两种子区的中心点与剪切带边界的距离相等时，子区中干扰区域的比例相等，此时，u_e 也相等[图 3-10(b)]。当子区中心点在剪切带边界上时，该比例达到最大值 0.5，此时，u_e 达到峰值。因此可以推测，u_e 与干扰区域在子区中的比例有关。

　　下面，分析干扰区域比例 α 的影响因素。图 3-12 给出了剪切带边界附近子区与干扰区域之间的关系示意图，仅考虑子区尺寸小于剪切带宽度的情形。当子区的大部分覆盖剪切带时，子区的带外部分是干扰区域[图 3-12(a)]；而当子区的小部分覆盖剪切带时，子区的带内部分是干扰区域[图 3-12(b)]。

$$\alpha = \frac{\dfrac{2M+1}{2}-n}{2M+1} = \frac{1}{2} - \frac{n}{2M+1} \tag{3-6}$$

式中，n 表示测点 P 至剪切带边界的距离。由式(3-6)可以发现，α 与 n 满足一定的线性关系，n 越大，α 越小。

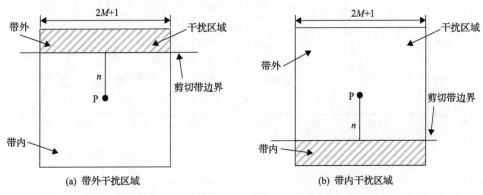

(a) 带外干扰区域　　　　　　　　(b) 带内干扰区域

图 3-12　剪切带边界附近子区与干扰区域示意图

　　另外，对于虚拟剪切带中心附近的子区，当其仅包含带内区域时，子区变形满足变形均匀性假设，因此误差较小；随着子区尺寸的增大，当子区超出虚拟剪切带时，子区内的两块虚拟剪切带外区域属于干扰区域。这两块区域关于剪切带中心对称，它们的大小相同，干扰区域的影响相互抵消，这使得剪切带中心附近测点的位移误差较小。

　　由图 3-10(c)、(d)可以发现，对于二阶形函数的结果，随着子区尺寸的增大，剪切带内及附近(y=147~237pixel)测点的 u_e 基本上逐渐增大，个别测点例外，例如，y=167pixel 和 217pixel 测点的 u_e 在子区尺寸为 41pixel×41pixel 和 61pixel×61pixel 时相等。由图 3-10(a)~(d)可以发现，当子区尺寸相同时，在计算剪切带内及其附近测点的位移时，二阶形函数的 u_e 通常比一阶形函数小，这是由于以测点为中心的子区同时覆盖剪切带内和外两部分，即变形是不均匀的，而在二阶形函数中，子区的变形可以是不均匀的。

由图 3-10(e)、(f)可以发现，随着子区尺寸的增大，一阶形函数及二阶形函数的 γ_{xy} 的误差均逐渐增大，且随着子区尺寸的增大，u_e 基本上逐渐增大[图 3-10(b)、(d)]。在子区尺寸相同时，二阶形函数的 γ_{xy} 比一阶形函数更接近于理论结果。

由图 3-11 可以发现，含应变梯度的虚拟剪切带的结果与常应变虚拟剪切带类似，即随着子区尺寸的增加，位移及应变的误差逐渐增加。

3)测点间隔对应变的影响

考虑到测点间距对中心差分的应变有影响，在图 3-13 中，给出了不同测点间隔时两种虚拟剪切带内、外的 γ_{xy}。

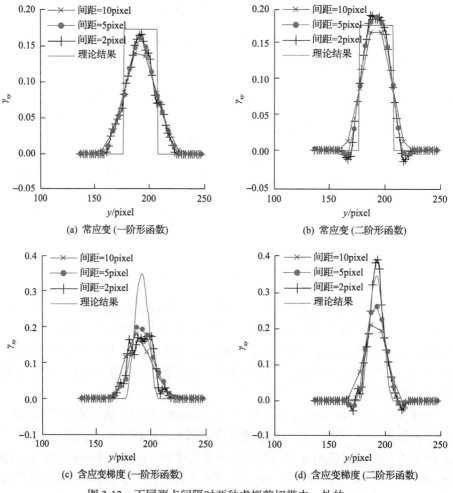

(a) 常应变(一阶形函数)　　(b) 常应变(二阶形函数)

(c) 含应变梯度(一阶形函数)　　(d) 含应变梯度(二阶形函数)

图 3-13　不同测点间隔时两种虚拟剪切带内、外的 γ_{xy}

由图 3-13(a)、(b)可以发现，对于常应变虚拟剪切带，随着测点间隔的增大，在远离剪切带的区域（y=135～150pixel、235～250pixel），γ_{xy}基本保持不变；在剪切带内（y=177～207pixel），γ_{xy}逐渐减小；在剪切带外侧附近（y=150～177pixel、207～235pixel），γ_{xy}基本逐渐增加。在相同测点间隔时，二阶形函数的γ_{xy}比一阶形函数更接近于理论结果。

通常情况下，在剪切带的法向上，可以将γ_{xy}较大或较小的区域尺寸作为w的实测值。当测点间隔分别为 2pixel、5pixel 及 10pixel 时，一阶形函数的w的实测值分别为 70pixel、75pixel 及 90pixel，为理论值的 2.3～3 倍；二阶形函数的w的实测值均为 70pixel，为理论结果的 2.3 倍。

由图 3-13(c)、(d)可以发现，在剪切带中心附近，一阶形函数的γ_{xy}均小于理论结果，其峰值约为理论结果的一半；二阶形函数的γ_{xy}与一阶形函数的有所不同，随着测点间隔的增加，γ_{xy}的误差逐渐减小，当测点间隔=2pixel 时，γ_{xy}大于理论结果。在图 3-13(c)、(d)中，w的实测值约为 60pixel。

3.2.2　倾斜虚拟剪切带

以图 3-6(a)为参考图像，根据仿射变换和剪切带模型（3.1.2 节），制作了倾斜常应变虚拟剪切带[图 3-14(a)]和倾斜含应变梯度的虚拟剪切带[图 3-14(b)]，其中，w=30pixel，$\gamma_0=\overline{\gamma}_{\mathrm{p}}$=0.1745，$\theta$=60°。

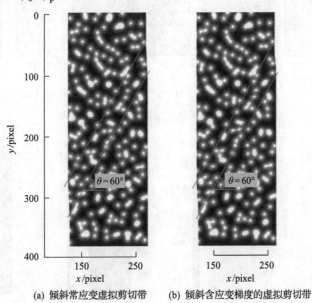

(a) 倾斜常应变虚拟剪切带　　　(b) 倾斜含应变梯度的虚拟剪切带

图 3-14　包含两种倾斜虚拟剪切带的散斑图

两种倾斜虚拟剪切带的结果如图 3-15 和图 3-16 所示，采用二阶形函数计算。计算区域见图 3-6(a)中计算区域 2，计算参数如下：子区尺寸=31pixel×31pixel，测点数量为 1197(63×19)，测点间隔=5pixel。

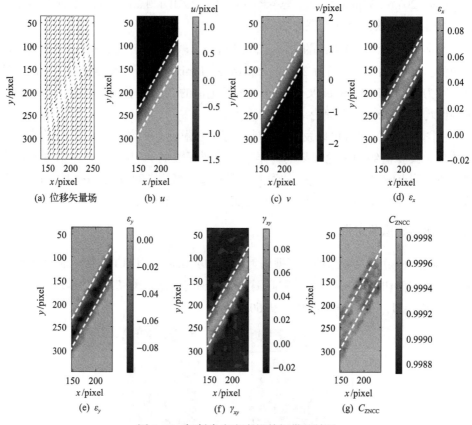

图 3-15　倾斜常应变虚拟剪切带的结果

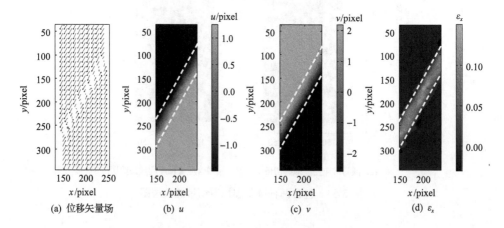

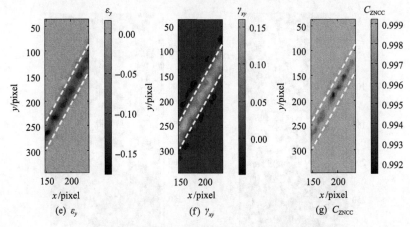

图 3-16　倾斜含应变梯度的虚拟剪切带的结果

由图 3-15 可以发现，对于倾斜常应变虚拟剪切带，在剪切带以外，u 和 v 比较均匀，ε_x、ε_y 和 γ_{xy} 基本为零，C_{ZNCC} 较大（大于 0.9998）；在带内及附近，应变 ε_x、ε_y 和 γ_{xy} 比较集中，且位移梯度带和应变局部化带的宽度均大于 w；C_{ZNCC} 的范围为 0.9986～0.9998，这表明这些区域的子区的相关性有所降低。

由图 3-15 和图 3-16 可以发现，倾斜常应变和含应变梯度的虚拟剪切带的位移和应变的分布规律基本类似，而 C_{ZNCC} 的分布存在一定差别：对于倾斜常应变虚拟剪切带，C_{ZNCC} 较小的区域位于剪切带边界附近，而对于倾斜含应变梯度的虚拟剪切带，C_{ZNCC} 较小的区域位于剪切带中心附近。

由图 3-7、图 3-8、图 3-15 及图 3-16 对比可以发现，倾斜虚拟剪切带的各种计算结果与水平虚拟剪切带类似。因此，这里不再详细描述图 3-15 及图 3-16 的结果。

3.3　基于最小一乘拟合方法的应变计算

采用式 (3-2) 制作模拟散斑图 [图 3-17(a)]。图像尺寸=300pixel×150pixel，s_r=3pixel，s_n=2000。以图 3-17(a) 为参考图像，根据式 (3-4) 和仿射变换制作水平含应变梯度的虚拟剪切带 [图 3-17(b)]，其中，w=30pixel，$\bar{\gamma}_p=0.1$。

利用第 2 章提出的基于 PSO 和 N-R 迭代的粗-细方法分别计算测点间隔为 4pixel、2pixel 及 1pixel 时剪切带形成后的位移，并分别采用最小二乘拟合方法和最小一乘拟合方法计算应变，拟合窗口均为 5×5 个测点。为了对比最小二乘拟合方法和最小一乘拟合方法的时间消耗，表 3-1 给出了不同测点间隔时的结果。

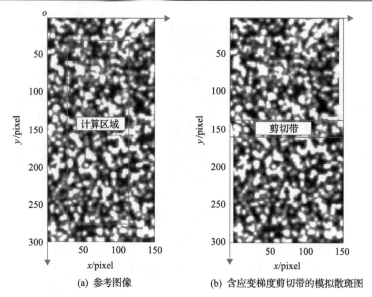

(a) 参考图像   (b) 含应变梯度剪切带的模拟散斑图

图 3-17　模拟散斑图

表 3-1　两种方法的时间消耗对比

测点间隔/pixel	最小一乘拟合方法	最小二乘拟合方法
4	6.74s	0.13s
2	27.52s	0.50s
1	112.18s	2.06s

由表 3-1 可见，在相同测点间隔时，最小一乘拟合方法的时间消耗约为最小二乘拟合方法的 52～55 倍，这是由于在最小一乘拟合时采用数值方法求解，而在最小二乘拟合时采用解析方法求解。当测点间隔减小时，最小二乘拟合方法和最小一乘拟合方法的时间消耗均在增加。

为了验证基于模拟退火算法的 PSO 的有效性，以 $x=118$pixel、$y=270$pixel 的测点为中心选择拟合窗口，进行最小一乘拟合。

图 3-18 给出了迭代过程中水平位移拟合残差(拟合窗口内水平位移拟合值与测量值的误差的绝对值之和)E_1 和拟合参数随迭代次数 N 的演化规律。由此可以发现，在迭代过程中，E_1 经历了局部最优向全局最优转化的过程。当 $N=14$～50 时，E_1 和拟合多项式的系数(a_0、a_1 和 a_2)均保持恒定且 $E_1>0$，这表明 E_1 已陷入局部最优。当 $N>91$ 时，$E_1=0$，这表明 E_1 已处于全局最优，上述算法十分有效。

图 3-19 和图 3-20 分别给出了不同测点间隔时两种方法的 γ_{xy} 均值分布和两种方法的 γ_{xy} 误差的均值分布。为了便于显示，只呈现了计算区域 $y=100$～200pixel 范围内 γ_{xy} 的均值，图 3-19 中每个数据点分别是由相同 y 坐标下 23 个、46 个和

91 个拟合窗口的 γ_{xy} 平均得到。

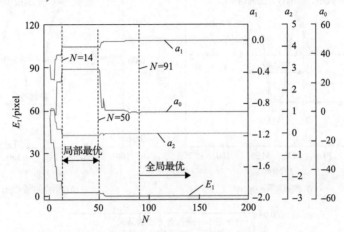

图 3-18　E_1、a_0、a_1 和 a_2 随 N 的演变

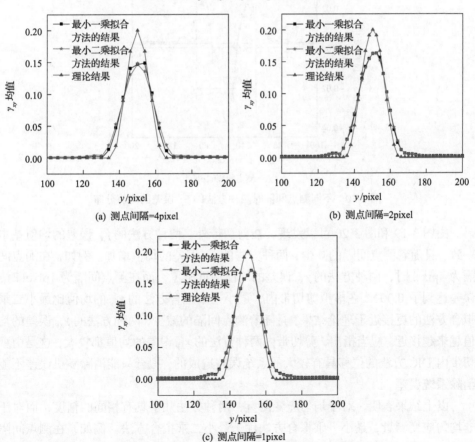

(a) 测点间隔=4pixel

(b) 测点间隔=2pixel

(c) 测点间隔=1pixel

图 3-19　不同测点间隔时两种方法的 γ_{xy} 均值分布

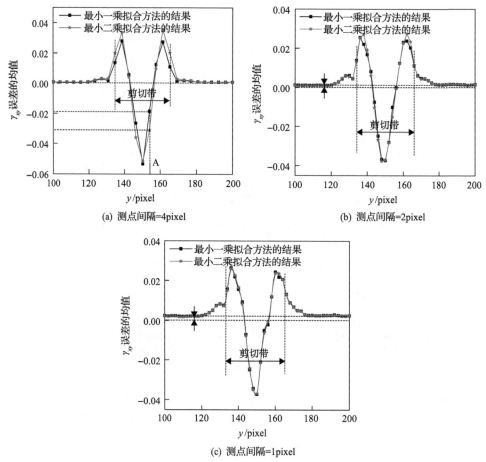

图 3-20　不同测点间隔时两种方法的 γ_{xy} 误差的均值分布

由图 3-19 和图 3-20 可以发现，在剪切带外，两种方法的 γ_{xy} 误差的均值基本一致，且随着测点间隔的减少，两种方法的 γ_{xy} 误差的均值增加。例如，在测点间隔为 4pixel 时，两种方法的 γ_{xy} 误差的均值接近于零，而在测点间隔为 1pixel 时，误差达到了 0.002。在虚拟剪切带内，最小一乘拟合方法的 γ_{xy} 的均值比最小二乘拟合方法的更接近于理论结果，且随着测点间隔的减少，两种方法的 γ_{xy} 误差的均值越来越接近。应当指出，剪切带内两种方法的 γ_{xy} 误差的均值都较大，这是由剪切带内 DIC 方法的位移具有较大的系统误差造成的，拟合只能消除随机误差不能消除系统误差。

以上结果表明，对于均匀应变测量，两种方法几乎具有相同的精度，而对于非均匀应变测量，最小一乘拟合方法优于最小二乘拟合方法。例如，在测点间隔为 4pixel 时，A 点（$y=154$pixel）的最小一乘拟合方法的 γ_{xy} 误差的均值为 −0.018，最小二乘拟合的为–0.031，最小一乘拟合方法的 γ_{xy} 误差的均值只有最小二乘拟合方法的 60%。

综上所述，对于非均匀应变测量，最小一乘拟合方法的精度要高于或等于最小二乘拟合方法，尤其当数据点较少(测点间隔较大)时，最小一乘拟合方法的优势更加突出。

第4章　单轴压缩土样的应变局部化过程观测

本章开展应力和应变控制加载条件下土样的单轴压缩实验。通过监测土样边缘不同高度上测点的侧向位移，分析局部化过程中侧向位移的演变。提出土样局部体积应变测量方法，并分析局部体积应变的分布和演变。根据土样清晰剪切带位置布置切向和法向测线，分析最大剪切应变的标准差和均值的演变。通过统计局部体积应变的分布及演变，分析剪切带的剪胀特征，并探讨局部化过程中的扩容角。通过将土样的最大剪切应变作为损伤变量的统计量，分析剪切带和土样整体的损伤变量的演变规律。提出基于背景值方法的剪切带宽度的测量方法，分析剪切带宽度的演变。提出基于最小二乘拟合方法的剪切带倾角的测量方法，分析剪切带倾角的演变。提出基于最小二乘拟合方法的剪切带间距的测量方法，分析剪切带间距的演变。

4.1　实　验　过　程

实验用黏土取自辽宁阜新细河河套，呈土黄色。取回的黏土呈块状，含有少量杂质。实验步骤如下所述。

(1)将黏土块碾成粉末状，晒干，用200目的筛子过筛去除杂质。

(2)将黏土与水按质量比3∶1混合，制成混合物，注入预先制作好的模具中。

(3)浇注好黏土模型后，在避光条件下静置1周。

(4)将黏土模型切割成若干长方体黏土土样，并经过适当修整以保证黏土土样中相对平面的平行度要求。

(5)在黏土土样的一个最大表面上制作人工散斑。在高度方向上的两个平面上涂抹油脂，以降低端面约束或摩擦。随后，将黏土土样在高度方向上进行加载。

各实验方案见表4-1，其中#1标记的为第一批土样，2#标记的为第二批土样。在加载时，利用 CCD 相机对喷涂了散斑的土样表面进行拍摄，图像尺寸为 1824pixel×1368pixel。

表 4-1　土样的基本信息

编号	含水率/%	饱和度/%	加载速度	高度×宽度×厚度/(cm×cm×cm)	湿密度/(10^3kg/m³)
#1	11	—	23.5N/min	10×4×3	2.30
#3	11	—	23.5N/min	10×4×3	2.30
2#	13.5	76.4	5mm/min	9.0×5.0×3.8	2.04

续表

编号	含水率/%	饱和度/%	加载速度	高度×宽度×厚度/(cm×cm×cm)	湿密度/(10³kg/m³)
6#	15.0	81.2	5mm/min	9.0×5.0×3.8	2.03
7#	17.1	—	11mm/min	8.9×5.0×3.8	2.04
8#	13.8	79.7	5mm/min	8.9×5.0×3.8	2.06
10#	14.7	71.8	5mm/min	9.0×5.1×3.9	1.94
12#	16.5	83.6	8mm/min	8.9×5.1×3.8	2.00
17#	15.4	83.8	5mm/min	9.0×5.2×3.6	2.04
19#	13.6	83.4	5mm/min	9.0×5.0×3.8	2.10
20#	14.2	87.1	5mm/min	8.9×5.2×3.6	2.11
22#	12.7	71.1	5mm/min	9.0×5.2×3.7	2.02
24#	17.2	89.3	8mm/min	8.9×5.0×3.8	2.03
25#	12.7	71.1	5mm/min	9.0×5.1×3.9	2.02
28#	16.7	85.3	5mm/min	8.9×5.1×3.8	2.01
31#	14.3	77.5	5mm/min	8.9×5.1×3.8	2.02

4.2　侧向变形

从拍摄的大量图像中，仅选择一部分进行计算，并对它们按先后顺序进行重新编号，其中，加载之前拍摄的图片为 0 号。采用基于 PSO 和 N-R 迭代的粗-细方法计算位移，形函数为一阶，中心差分方法获取应变。计算参数如下：测点数量为 540(36 行×15 列)，子区尺寸为 21pixel×21pixel，测点间隔=21pixel。为了获得土样的侧向变形规律，对其两侧不同高度上 16 个测点的水平位移 u 进行监测。左右各 8 个，左侧的用 A～H 标明，右侧的用 A′～H′标明，如图 4-1 所示。

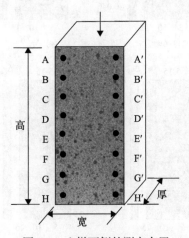

图 4-1　土样两侧的测点布置

1)$^{\#}$1 土样

选取了 20 张图像。图 4-2 给出了$^{\#}$1 土样的水平线应变 ε_x 的增量 $\Delta\varepsilon_x$、垂直线应变 ε_y 的增量 $\Delta\varepsilon_y$、剪应变 γ_{xy} 的增量 $\Delta\gamma_{xy}$ 和位移矢量 $\boldsymbol{d}$ 的增量 $\Delta\boldsymbol{d}$ 的结果，其中，为使结果更明显，$\Delta\boldsymbol{d}$ 被放大了 10 倍。以图 4-2(e) 为例说明子图上标记的含义："3-5"代表第 5 张图像的结果与第 3 张图像的差。图 4-3 给出了$^{\#}$1 土样两侧测点的实时位置，其中，各测点的 x 被放大了 10 倍。以测点 H 作为直角坐标系的原

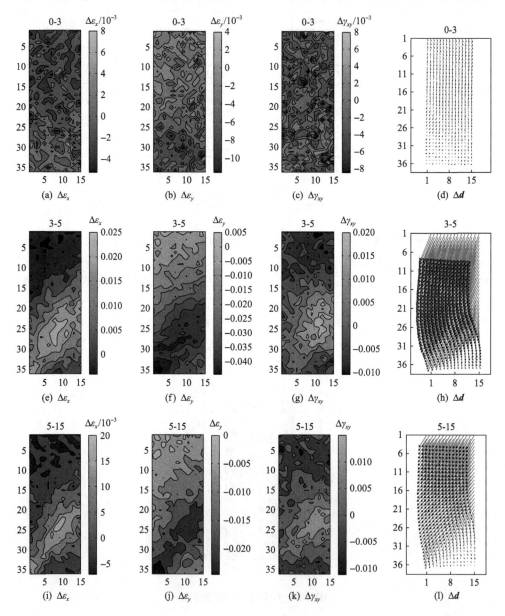

(a) $\Delta\varepsilon_x$ (b) $\Delta\varepsilon_y$ (c) $\Delta\gamma_{xy}$ (d) $\Delta\boldsymbol{d}$

(e) $\Delta\varepsilon_x$ (f) $\Delta\varepsilon_y$ (g) $\Delta\gamma_{xy}$ (h) $\Delta\boldsymbol{d}$

(i) $\Delta\varepsilon_x$ (j) $\Delta\varepsilon_y$ (k) $\Delta\gamma_{xy}$ (l) $\Delta\boldsymbol{d}$

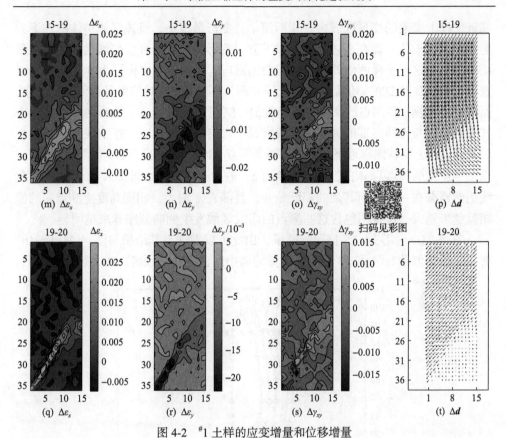

图 4-2　$^{\#}$1 土样的应变增量和位移增量

点，x 为负代表点向左运动。图 4-4 给出了$^{\#}$1 土样 4 对测点的 u-ε_a 曲线（ε_a 为纵向应变），其中，曲线上标记的数字表示对应图像编号。在这里，1pixel 大约对应于 0.11mm。

图 4-2（a）～（d）是 "0-3" 的结果。由此可以发现，应变和位移的分布基本上是均匀的。此时，土样的侧向变形基本上也是均匀的，但是，土样稍呈平行四边形（图 4-3 中标记为 3 的结果）。测点 A 及 A′、C 及 C′的u-ε_a 曲线均未发生分离（图 4-4），这表明这些成对测点的 u-ε_a 曲线相同，即包含这些测点的区域发生了整体向左的运动。但是，测点 E 及 E′、G 及 G′的u-ε_a 曲线发生了分离，其中，测点 G 向左运动，测点 G′向右运动，这表明在纵向应力 σ_a 的作用下，土样下端发生了膨胀。

图 4-2（e）～（h）是 "3-5" 的结果。由此可以发现，应变和位移增量的分布不再保持均匀。在靠近土样上端的小范围（梯形区域）之内，3 种应变增量都很小[图 4-2（e）～（g）]，而在该区域下方的广大区域内，最大的 $\Delta\varepsilon_x$ 和 $\Delta\gamma_{xy}$ 分别为 0.025 和 0.02，最小的 $\Delta\varepsilon_y$ 为–0.045。因而，这两部分的变形模式存在一定的差异：在

靠近土样上端面的梯形区域内，变形简单且变形量很小，且该区域整体向左下方运动占主要地位；而在上述梯形区域下方，变形复杂，3 种应变增量的集中区呈团状分布，这与土样两侧的不均匀扭曲相适应。由图 4-3 中标记为 5 的曲线可以发现，测点 D 及 D′的 u 值最大；在土样左侧，各测点的实时位置呈近似弧形分布，而在土样右侧，各测点的实时位置呈近似"S"形分布。显然，土样两侧的变形方式不同，这与土样内部的大范围应变增量不均匀分布相适应。仔细观察图 4-3 可以发现，在土样右侧靠近下端面处，两个测点(G′及 H′)位移向右，而其余测点(包括土样左侧的测点)都向左。由图 4-4 可见，在上述过程中，测点 A 及 A′的 u-ε_a 曲线仍然重叠在一起，而其余的都已分开，且随着 ε_a 增大，相同高度上测点 u 的值相差越来越大，这说明包含这些测点的广大区域发生侧向膨胀越来越明显。

图 4-2(i)～(l)是"5-15"的结果。由此可以发现，其结果与图 4-2(e)～(h)有一定的相似性。但是，3 种应变增量的集中区已经比较倾斜。在上述区域的上、

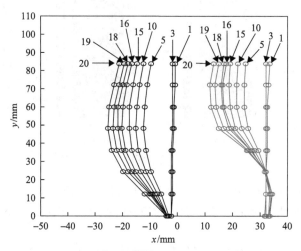

图 4-3 #1 土样两侧测点的实时位置

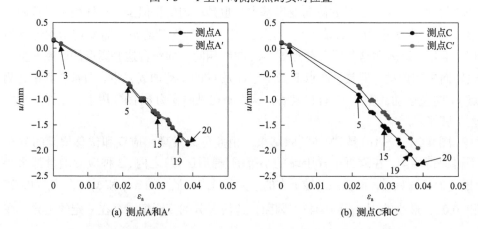

(a) 测点A和A′　　　　　(b) 测点C和C′

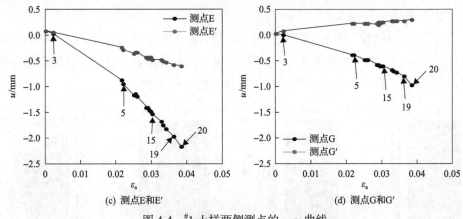

(c) 测点E和E′　　　　　　　　(d) 测点G和G′

图 4-4　#1 土样两侧测点的 u-ε_a 曲线

下部分，Δd 比较均匀，在这两部分之间，一个较宽的连续的位移梯度带存在；而且，由图 4-2(l) 可以发现，此时，Δd 都向左，而且方向比较平行。由图 4-3 中标记为 5 及 15 的结果可以发现，在土样左侧，各测点都向左运动，靠近土样上端面的测点(A 及 A′)比靠近土样下端面的测点(H 及 H′) u 值更大，其中测点 D 的 u 值最大，而且土样左侧明显呈鼓形；在土样右侧，靠近土样下端的 3 个测点基本未运动，而其余测点都在向左运动，u 值最大的测点是 B′。从测点 D 及 B′向上，u 值有减小的趋势，这应与端面约束有关。由图 4-4 可以发现，相同高度上测点的 u-ε_a 曲线进一步分开，除了测点 A 及 A′。

　　图 4-2(m)～(p) 是 "15-19" 的结果。由此可以发现，与此前相比，高应变区宽度有所降低，3 种应变增量分别可达到 0.025、−0.02 及 0.02。Δd 被清晰地割裂成上、中、下三部分。在上部，各测点向左下方运动，且各测点的 Δd 相差不大；在中部，各测点的 u 增量基本上为零，这说明，高应变区的压缩行为占主导地位，这一范围在纵向覆盖了 3 行点；在下部，测点的 u 增量较大，且各测点向右运动。此时，清晰且应变高度集中的带状区域已出现，而且带状区域两侧的点开始反向运动，这对于带状区域而言是一个剪切作用。因此，可以认为剪切带已经形成。由图 4-3 及图 4-4 中标记为 15、19 的结果可以发现，各测点的 u 仍在按过去的规律发展，只不过发展的速度有所加快，这应该与剪切带形成后，其两侧的物质沿带快速相对错动有关。

　　图 4-2(q)～(t) 是 "19-20" 的结果。由此可以发现，剪切带宽度变得更窄，在 5mm 之内，倾角约为 53°，3 种应变增量分别可达 0.03、−0.025 及 0.015。Δd 清晰地展示了剪切带上部物质沿带的快速错动。在剪切带下方，测点的水平位移增量并不大。图 4-2(q)～(t) 的结果是剪切带快速错动的一个瞬间，此时，凭肉眼并不能从拍摄的散斑图中观察到剪切裂纹。位于土样左侧且跨过剪切带的一些测点(E 及 G) u 表现为快速增加(图 4-3、图 4-4)。

2)[#]3 土样

选取 21 张图像。图 4-5 给出了[#]3 土样的 $\Delta\varepsilon_x$、$\Delta\varepsilon_y$、$\Delta\gamma_{xy}$ 及 Δd，其中，Δd 被放大了 3 倍。图 4-6 给出了[#]3 土样两侧测点的实时位置，其中，各测点的 x 被放大了 10 倍。图 4-7 给出了[#]3 土样 4 对测点的 $u\text{-}\varepsilon_a$ 曲线。

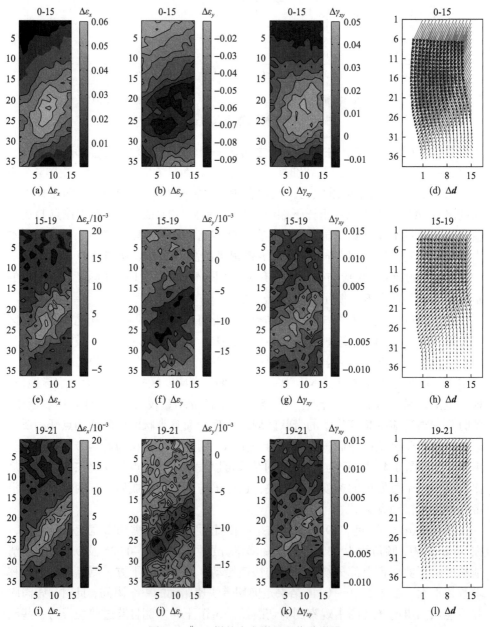

图 4-5　[#]3 土样的应变增量和位移增量

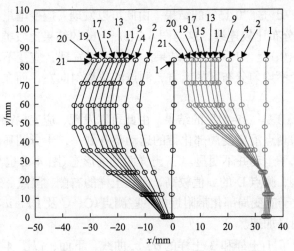

图 4-6　#3 土样两侧测点的实时位置

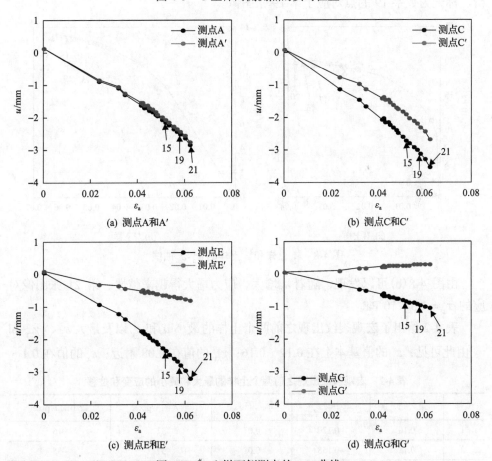

(a) 测点A和A′

(b) 测点C和C′

(c) 测点E和E′

(d) 测点G和G′

图 4-7　#3 土样两侧测点的 u-ε_a 曲线

图 4-5(a)～(d) 是 "0-15" 的结果。由此可以发现，应变增量的集中区呈倾斜的团状，Δd 的分布比较连续，这与图 4-2(e)～(h) 的结果比较类似。

图 4-5(e)～(h) 是 "15-19" 的结果。由此可以发现，应变不均匀分布区的宽度较窄。在应变不均匀分布区的上方，测点的位移斜向左，而在其下方，测点的位移基本向下。

图 4-5(i)～(l) 是 "19-21" 的结果。由此可以发现，应变局部化带的宽度十分狭窄，带上方的测点沿应变局部化带的运动整齐划一，十分明显，而应变局部化带下方的测点水平运动并不明显。#3 土样两侧的形态(图 4-6)也与#1 土样类似。在#3 土样的左侧，测点 D 的 u 值较高，而在土样的右侧，测点 A' 的 u 值较高。由图 4-7 可见，对于应变局部化带附近的一些测点(C、C' 及 E)，u 在狭窄的应变局部化带出现后明显加速。

图 4-8 给出了#1 土样和#3 土样的 σ_a-ε_a 曲线，下面，以图 4-8(b) 为例进行分析。标记为数字 19 的点对应于第 19 张图像。

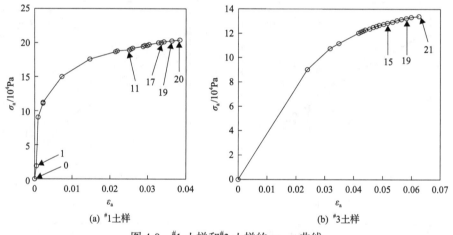

(a) #1土样　　　　　　　　　(b) #3土样

图 4-8　#1 土样和#3 土样的 σ_a-ε_a 曲线

由图 4-8(b) 可以发现，随着 ε_a 增大，应力增大得越来越慢，第 21 张图像对应的 $\sigma_a = 1.3 \times 10^5 \mathrm{Pa}$。

表 4-2 给出了宏观裂纹出现之前两个土样的最小 u 和 ε_y 以及最大 ε_x、γ_{xy} 和 v。由此可见，ε_y 的值基本上在 0.12～0.16；γ_{xy} 的值在 0.08 附近；ε_x 的值在 0.1～

表 4-2　宏观裂纹出现之前两个土样的最大和最小的应变和位移

编号	最大的 ε_x	最小的 ε_y	最大的 γ_{xy}	最大的 v/pixel	最小的 u/pixel
#1	0.10	−0.120	0.07	31	−16
#2	0.11	−0.158	0.08	57	−35
#3	0.11	−0.127	0.08	52	−25

0.11，介于前两者之间；v 最大可达 57pixel。这里，1pixel 大约对应于 0.11cm。

4.3　局部体积应变和整体体积应变

由于 N-R 迭代方法的应变分散性较大，所以，通常通过对位移场进行中心差分获取 ε_x、ε_y 和 γ_{xy}。

若剪切带的切向、法向与土样被拍摄表面的法向两两垂直时，所拍摄表面的离面位移一般不大。土样的变形主要发生在所拍摄表面的面内。所以，在计算土样的局部体积应变 ε_{vl} 时，可以不计离面位移。另外，γ_{xy} 不会引起体积变化。这样，ε_{vl} 可以表示为

$$\varepsilon_{vl} = \varepsilon_x + \varepsilon_y \tag{4-1}$$

ε_x、ε_y 及 ε_{vl} 的正负号意义如下：大于零代表拉伸或膨胀，反之，代表压缩。最大剪切应变 γ_{max} 依赖于 ε_x、ε_y 和 γ_{xy}，可表示为

$$\gamma_{max} = \sqrt{(\varepsilon_x - \varepsilon_y)^2 + \gamma_{xy}^2} \tag{4-2}$$

在不计离面位移时，欲计算土样整体体积应变 ε_{vg}，可以采用以下三种方法。

方法 1：首先，测量土样的 ε_a 和平均侧向应变；然后，计算 ε_{vg}。这适于侧向变形较均匀的情况。

方法 2：通过统计土样被拍摄表面轮廓线内像素个数的变化计算 ε_{vg}。这种方法称为轮廓线方法。限于所拍摄图像的质量，土样轮廓线可能模糊化，其宽度往往会有几到十几像素，这会引起一定的误差。

方法 3：利用 DIC 方法计算各测点的实时坐标，以此计算 ε_{vg}。参考图像上的测点通常等间距排列，特定的 4 个相邻测点将围成一个正方形[图 4-9(a)]。在变形后的图像上，该正方形将变成任意四边形[图 4-9(b)]。

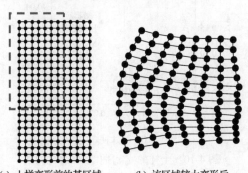

(a) 土样变形前的某区域　　　(b) 该区域较大变形后

图 4-9　特定的 4 个相邻测点围成的区域变形前后比较

需要指出，测点离土样的轮廓线有一定的距离(最小距离为子区尺寸的 1/2)。所以，方法 2 和方法 3 的结果可能会有差别。方法 3 的实质是通过计算土样局部(由特定的 4 个相邻测点构成的一个正方形)的实时面积，进而求和获得所有计算区域的实时面积。

方法 3 的优越性在于：

(1)容易实现，精度高。直接利用 DIC 方法对各测点的实时坐标进行计算，而且许多 DIC 方法均具有亚像素精度。

(2)适用广泛，不限于水平和垂直两个方向的变形是否均匀。当变形不均匀时，通过微小四边形区域面积求和获得土样的面积，这实质上已经考虑了应变的二阶量的影响。

图 4-10 给出了 3 个土样的 σ_a-ε_a 曲线，同时还给出了方法 2 和方法 3 的土样的 ε_{vg}-ε_a 的曲线。

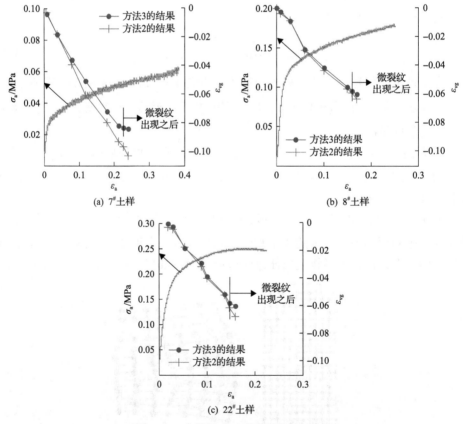

图 4-10　土样的 σ_a-ε_a 曲线及 ε_{vg}-ε_a 曲线

由图 4-10 可以发现，方法 2 和方法 3 的 ε_{vg} 基本接近。然而，方法 3 的结果呈较为明显的上凹形，这更符合实际情况。另外，可以发现：

(1)随着 ε_a 增大，ε_{vg} 越来越小(代表体积越来越收缩)，但体积收缩越来越慢。

(2)当 ε_a 相同时，含水率高的土样体积收缩量较大。随着 ε_a 增大，含水率高的土样体积减小得较快。

由图 4-10 还可以发现，$7^\#$、$8^\#$ 土样的 σ_a-ε_a 曲线经历了两个阶段：近似线性阶段和硬化阶段，而 $22^\#$ 土样除了经历上述两个阶段，在变形破坏后期还经历了微弱的软化阶段，这与 $22^\#$ 土样的含水率较低有关。

图 4-11 给出了 $7^\#$ 土样微裂纹出现之前 6 个不同 ε_a 时 ε_{vl} 的分布。图 4-12 和图 4-13 分别给出了微裂纹出现之前 $8^\#$ 和 $22^\#$ 土样 5 个不同 ε_a 时 ε_{vl} 的分布和另外一个时刻的 γ_{max} 的分布。

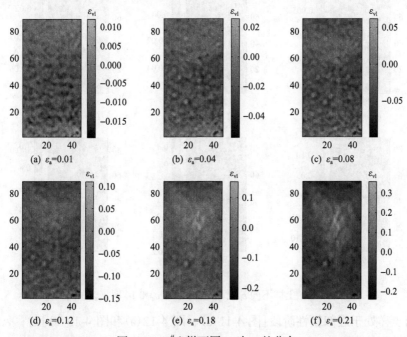

图 4-11　$7^\#$ 土样不同 ε_a 时 ε_{vl} 的分布

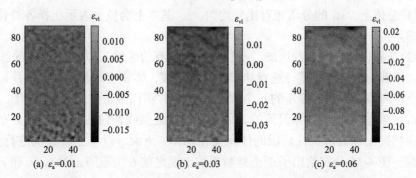

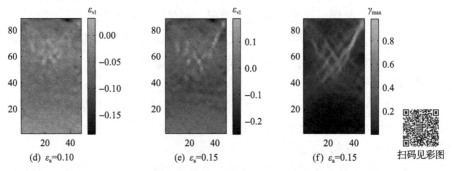

扫码见彩图

(d) ε_a=0.10　　　　　(e) ε_a=0.15　　　　　(f) ε_a=0.15

图 4-12　$8^\#$土样不同 ε_a 时 ε_{vl} 的分布和 ε_a=0.15 时 γ_{max} 的分布

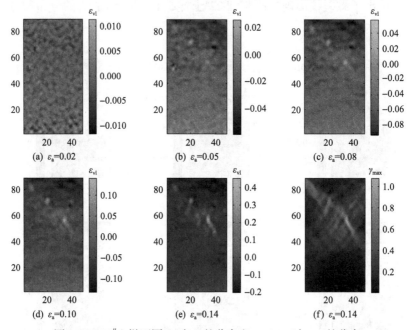

(a) ε_a=0.02　　　　　(b) ε_a=0.05　　　　　(c) ε_a=0.08

(d) ε_a=0.10　　　　　(e) ε_a=0.14　　　　　(f) ε_a=0.14

图 4-13　$22^\#$土样不同 ε_a 时 ε_{vl} 的分布和 ε_a=0.14 时 γ_{max} 的分布

当土样处于近似线性阶段[图 4-11(a)、图 4-12(a)和图 4-13(a)]时，ε_{vl} 的分布具有以下特点。

(1)总体上，ε_{vl} 的分布相对比较均匀，ε_{vl} 基本上为负，表示土样各处普遍体积收缩。

(2)在靠近土样两端的区域，ε_{vl} 比较分散，有的区域 ε_{vl} 为正，而有的区域 ε_{vl} 为负，但其均值接近于零。这意味着在这些区域，体积变形相对较小。所以，在靠近土样两端的区域，零星的 ε_{vl} 正值区的出现并不代表土样局部体积膨胀。

ε_{vl} 是根据 ε_x 和 ε_y 计算得到的。因而，分析近似线性阶段 ε_x 和 ε_y 的分布有助于全面把握土样近似线性阶段的体积变化规律。下面，以 $7^\#$土样为例进行分析。图 4-14～图 4-16 分别给出了 $7^\#$土样微裂纹出现之前 6 个不同 ε_a 时 ε_y、ε_x 和 γ_{max} 的

分布规律。

由图 4-14～图 4-16 可以发现：

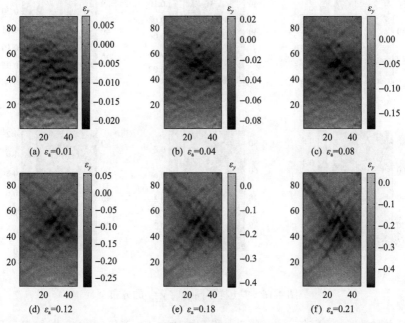

图 4-14 7$^{\#}$土样不同 ε_a 时 ε_y 的分布

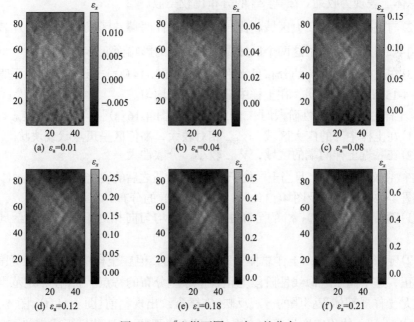

图 4-15 7$^{\#}$土样不同 ε_a 时 ε_x 的分布

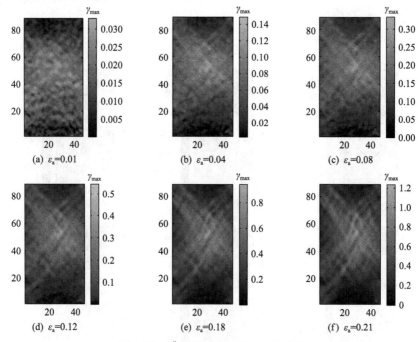

图 4-16　7# 土样不同 ε_a 时 γ_{max} 的分布

(1) 总体上，ε_y 为负，ε_x 为正。然而相比之下，膨胀量小于收缩量。因而，土样总体上表现为收缩。ε_y 与 ε_{vl} 的分布比较类似。

(2) 与土样中部的广大区域相比，在靠近土样两端的区域，ε_x 和 ε_y 比较分散 [图 4-14(a)]，这反映了这两个区域受端面约束的影响而变形较小。

(3) 在土样中部，ε_y 的分布呈水平条纹状 [图 4-14(a)]，ε_x 的分布呈垂直条纹状 [图 4-15(a)]，这说明，在土样中部变形较为均匀。

7# 土样处于近似线性阶段时，γ_{max} 的分布 [图 4-16(a)] 具有以下特点。

(1) 在土样中部的广大区域，γ_{max} 相对较大，高值区呈斑点状或块状。

(2) 在靠近土样两端的区域，γ_{max} 较小，分散性大。

在微裂纹出现之前，且当土样处于近似线性阶段之后的硬化阶段时 [图 4-11(b)～(f)、图 4-12(b)～(e) 及图 4-13(b)～(e)] 时，ε_{vl} 的分布具有以下特点。

(1) 随着 ε_a 的增大，ε_{vl} 的分布由相对比较均匀向相对不均匀，直至局部化转变。

(2) 随着 ε_a 的增大，土样总体上表现为压缩，但在土样中部的一定范围内，ε_{vl} 为正，这不同于近似线性阶段为正且呈零星分布的特点。ε_{vl} 在一定范围内为正，这是土样局部体积膨胀的客观反映。在微裂纹出现稍前 [图 4-11(f)、图 4-13(e) 及图 4-15(e)]，体积应变局部化变得较为明显。那些 ε_{vl} 正值区形成带状，有的彼此交叉。

(3)对于 $7^{\#}$ 土样，当 ε_a 分别为 0.01、0.04、0.08、0.12、0.18 及 0.21 时，ε_{vl} 最大分别为 0.01、0.02、0.05、0.1、0.12 及 0.35；ε_{vl} 最小分别为 -0.02、-0.05、-0.1、-0.15、-0.22 及 -0.22(图 4-11)。对于 $8^{\#}$ 土样，当 ε_a 分别为 0.01、0.03、0.06、0.10 及 0.15 时，ε_{vl} 最大分别为 0.013、0.02、0.02、0.02 及 0.2；ε_{vl} 最小分别为 -0.018、-0.035、-0.11、-0.18 及 -0.22[图 4-12(a)~(e)]。对于 $22^{\#}$ 土样，当 ε_a 分别为 0.02、0.05、0.08、0.10 及 0.14 时，ε_{vl} 最大分别为 0.01、0.022、0.05、0.14 及 0.43；ε_{vl} 最小分别为 -0.01、-0.05、-0.07、-0.12 及 -0.2[图 4-13(a)~(e)]。因此，随着 ε_a 增大，土样局部区域的膨胀或收缩均越来越明显。

在微裂纹出现之前的硬化阶段，ε_x、ε_y 及 γ_{max} 的分布具有以下特点(以 $7^{\#}$ 土样为例进行分析，见图 4-14~图 4-16)。

(1)随着 ε_a 增大，土样中部的 ε_y 分布变得越来越不均匀，条纹由水平变倾斜，角度渐趋恒定，为 59°~61°；土样中部的 ε_x 分布条纹由垂直变倾斜，其余规律同 ε_y。

(2)随着 ε_a 增大，土样中部的 γ_{max} 分布由斑点状变成倾斜状。

仔细对比相同 ε_a 时 ε_{vl} 和 γ_{max} 的分布规律，可以发现以下现象。

(1)在临近微裂纹出现时[图 4-11(f)、图 4-12(e)和(f)、图 4-13(e)和(f)及图 4-16(f)]，ε_{vl} 的强烈集中区域都位于 γ_{max} 的高值区上，即剪切带上。但是，显然只有部分剪切带上的 ε_{vl} 为正，大部分剪切带上的 ε_{vl} 为负。这说明，剪切带内部不都发生膨胀，发生膨胀的区域只占少数。这与剪切带内部只发生纯粹的膨胀或收缩的传统观点不同，这意味着采用同一扩容角表征剪切带不同位置或不同剪切带的体积变化特征的做法值得商榷。

(2)从方便识别局部化的角度，显然，通过观察 γ_{max} 更直接、及时和方便，因为 γ_{max} 的高、低值区泾渭分明。随着 ε_a 增大，采用 γ_{max} 表征的剪切带越来越清晰地叠加在低背景值上，与低背景值形成了越来越鲜明的对比。与 γ_{max} 取决于 ε_x、ε_y 及 γ_{xy} 三者不同，ε_{vl} 只依赖于 ε_x 和 ε_y。显然，ε_{vl} 可正可负，当某个区域两个方向的变形相反，且变形量相差不大时，ε_{vl} 将接近于零。

(3)尽管通过观察 ε_{vl} 的分布及演变规律可能给局部化问题的分析带来困难，但其中却包含 γ_{max} 不具备的信息，它能确定哪些区域发生了收缩或膨胀。这对于一些涉及孔隙流体的地质灾害的机理分析及失稳破坏过程研究十分有利。岩土材料内部体积的变化可能导致孔隙流体的迁移和孔隙压力的改变，从而直接影响岩土材料局部的力学性能，并可能导致正反馈的灾变性失稳破坏。所以，尽管体积应变的高度集中区域尺寸小，且其分布及演变规律复杂，但可能更接近于一些涉及孔隙流体的地质灾害的孕育地点，而应变局部化区域则可能在更大的范围内出现。

　　上文只给出了微裂纹出现之前的结果。在微裂纹出现稍前，剪切带是潜在的，还是已发展成为较为显著的？在微裂纹出现之后，剪切带如何进一步发展？这些问题尚需进一步考察。为此，需要在参考图像上布置一些新监测点，以监测这些位置各种应变的发展规律。下面，以 $8^{\#}$ 土样为例进行分析。在微裂纹出现稍前，该土样右上角附近已发展出了一条较清晰的剪切带[图 4-12(f)]。将关注这条剪切带发展过程中其法向及切向上两种应变的分布及演变规律。应当指出，由于新监测点不都位于原来测点上（89 行 47 列），所以，欲获取这些新监测点的应变，需要对应变场进行插值。这里，选取光滑性较好的双三次样条函数作为插值函数。

　　由于剪切带不完全平直，所以采用弧坐标 s 描述新监测点的位置比较方便。取 o 点为坐标原点，该点位于在将来 $\varepsilon_{\mathrm{vl}}$ 较明显的一点上，这有助于考察剪切带内、外 $\varepsilon_{\mathrm{vl}}$ 的差异。过 o 点且与 s 相垂直的方向上设置新的坐标 s'。图 4-17 给出了 $8^{\#}$ 土样一条剪切带发展过程中 $\gamma_{\max}$ 和 $\varepsilon_{\mathrm{vl}}$ 的演变，其中，1pixel=0.09mm。

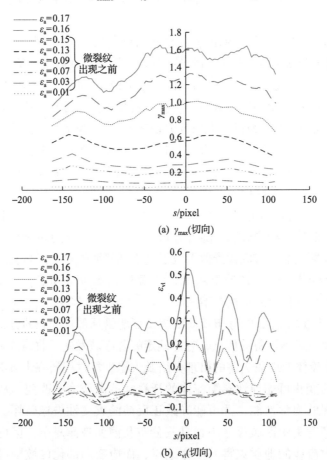

(a) $\gamma_{\max}$(切向)

(b) $\varepsilon_{\mathrm{vl}}$(切向)

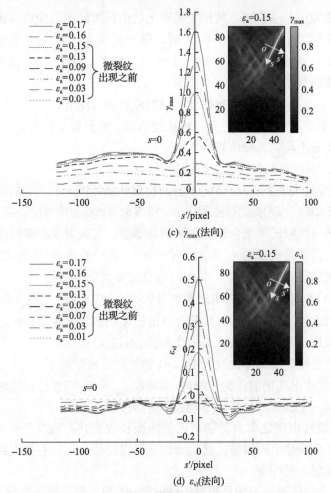

图 4-17　8#土样一条剪切带发展过程中 $\gamma_{\max}$ 和 ε_{vl} 的演变

由图 4-17 可以发现，在 s 及 s' 方向上，$\gamma_{\max}$ 由均匀分布向不均匀分布转变。在 s 方向上，$\gamma_{\max}$ 随着 ε_a 的增大而增大；在 s' 方向上，一些位置上的 $\gamma_{\max}$ 增大到一定程度后，不再增加，这些位置必然位于剪切带之外，而有些位置的 $\gamma_{\max}$ 随着 ε_a 的增大快速增大，这些位置必然位于剪切带（宽度约为 4.5mm）之内。

上文已指出，当 ε_a=0.15 时，微裂纹即将出现。此时，剪切带中心的 $\gamma_{\max}$ 已达到 1，而带外 $\gamma_{\max}$ 的平均值仅为 0.3［图 4-17（c）］，带内的 $\gamma_{\max}$ 比带外多 2 倍多。同时，$\gamma_{\max}$ 的梯度达到 $\pm0.31\text{mm}^{-1}$。因此，此时的剪切带不能被称为潜在的，而是较为显著的。当微裂纹出现之后（ε_a=0.16 及 ε_a=0.17 时），剪切带将更加显著［图 4-17（c）］。

由图 4-17（b）可以发现，在微裂纹出现稍前（ε_a=0.15），在 s 方向上，ε_{vl} 基本

上已从负转变为正。这说明，剪切带基本上已由压缩状态转变成膨胀状态，处于压缩状态的区域很小。当 ε_a=0～0.09 时，随着 ε_a 增大，ε_{vl} 一直表现为负且越来越小，压缩量越来越大；当 ε_a=0.09～0.15 时，随着 ε_a 增大，ε_{vl} 在某些位置上为正，这表明压缩和膨胀共存。

s 方向上 γ_{max} 和 ε_{vl} 的分布规律[图 4-17(a)、(b)]如下。

(1) γ_{max} 的分布规律简单，且分布比较均匀，峰值较少，而 ε_{vl} 的分布规律复杂，且分布十分不均匀，峰值较多。

(2) 在 ε_{vl} 的峰值位置，γ_{max} 无明显特征。

(3) 在微裂纹出现之后，s 方向上有的位置膨胀程度大，而有的位置膨胀程度小。一个膨胀大的区域两侧的膨胀程度小。该现象与剪切带内部微裂纹的等间距性应该有联系。某一区域的膨胀会抑制其两侧的膨胀。在微裂纹出现稍前(ε_a=0.15)，在 s' 方向上，剪切带内部的 ε_{vl} 最大已接近 0.2，而带外为负(约为–0.05)。所以，在微裂纹出现稍前，剪切带内、外的 ε_{vl} 差别已非常明显。

由图 4-17(d)可以发现，在未来剪切带的中心处(s'=0)，当 ε_a=0.09～0.13 时，ε_{vl} 经历了由负到正的演变过程，代表此处由压缩状态转变为膨胀状态。此时，γ_{max} 的分布已经表现出了一定的应变集中现象[图 4-17(c)]。

总之，在土样应变局部化过程中，ε_{vl} 的特征可概括如下。

(1) 在微裂纹出现稍前，剪切带内、外的 γ_{max} 和 ε_{vl} 相差已经比较明显；剪切带已经得到了一定程度的发展，不能被称为潜在的。

(2) 在微裂纹出现之前，剪切带内的膨胀和收缩共存现象已经发生，0.09≤ ε_a ≤0.15。在微裂纹出现稍前，剪切带的变形以膨胀为主。在微裂纹出现之后，剪切带的膨胀越来越明显。

(3) 由于土样的不均匀性及边界条件的影响，剪切带会较早出现。尽管剪切带内部一定位置发生了一定程度的膨胀和软化，但由于一些位置的尺寸不大，所以对土样整体的宏观行为的影响不大。

(4) 和 γ_{max} 的分布规律相比，ε_{vl} 的分布规律更加复杂，它能反映剪切带的局部收缩和膨胀，能反映显著和不显著膨胀区(这应与微裂纹的周期性出现密切有关)。对此，γ_{max} 上无能为力。

4.4　局部化带切向最大剪切应变

为了获得土样任一关注位置的 γ_{max}，需对 γ_{max} 场进行插值。这里，选取双三次样条函数作为插值函数。插值后利于对 γ_{max} 场进行统计。

对测线上的 γ_{max} 进行统计，获得平均值 $\bar{X}(\gamma_{max})$ 和标准差 $S(\gamma_{max})$：

$$\overline{X}(\gamma_{\max}) = \frac{\sum\limits_{i=1}^{N} (\gamma_{\max})_i}{N} \tag{4-3}$$

$$S(\gamma_{\max}) = \sqrt{\frac{\sum\limits_{i=1}^{N} \left[(\gamma_{\max})_i - \overline{X}(\gamma_{\max}) \right]^2}{N-1}} \tag{4-4}$$

式中，N 表示测线上的数据点数。

图 4-18 给出了 3 个土样的 σ_a-ε_a 曲线。由此可以发现，σ_a-ε_a 曲线大致经历了两个阶段：近似线性阶段和硬化阶段。$19^{\#}$土样的 σ_a-ε_a 曲线最陡，这与其含水率最低有关；$24^{\#}$土样的 σ_a-ε_a 曲线最缓，这与其含水率最高有关。

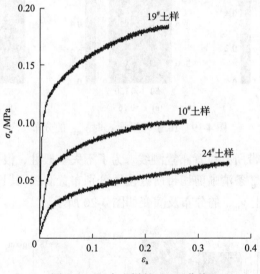

图 4-18　3 个土样的 σ_a-ε_a 曲线

下面，以 $10^{\#}$土样为例，阐明 $\gamma_{\max}$ 的分布及演变规律。图 4-19 给出了 $10^{\#}$土样不同 ε_a 时 $\gamma_{\max}$ 的分布。图中土样下方和左方的数字是插值之后的数据点数。

由图 4-19 可以发现：

(1)在近似线性阶段，$\gamma_{\max}$ 的高值区呈斑点状或块状分布，高、低值区的 $\gamma_{\max}$ 相差不大[图 4-19(a)]。

(2)在硬化阶段，$\gamma_{\max}$ 的分布呈网状，随着 ε_a 的增加，剪切带的网状格局越来越清晰[图 4-19(b)～(f)]，剪切带宽度实测值逐渐减小，剪切带之间的差异变大，由 ε_a 较低时多条模糊剪切带变为 ε_a 较高时少量清晰剪切带。由图 4-19(f) 可以发现，当 ε_a=0.17 时，清晰剪切带在整体上呈 "X" 形分布。

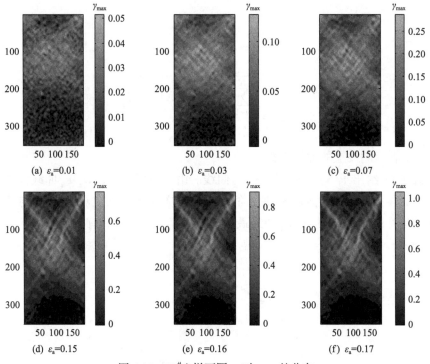

图 4-19 10#土样不同 ε_a 时 γ_{max} 的分布

根据清晰剪切带所处位置布置测线。为了不失一般性，根据 ε_a=0.19 时 10#土样左上部和右上部 2 条清晰剪切带所处位置分别布置测线，其长度分别为 450pixel 和 306pixel。测线上 γ_{max} 的分布及演变如图 4-20 所示。

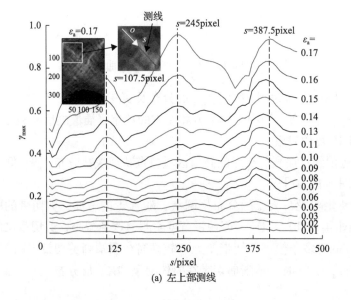

(a) 左上部测线

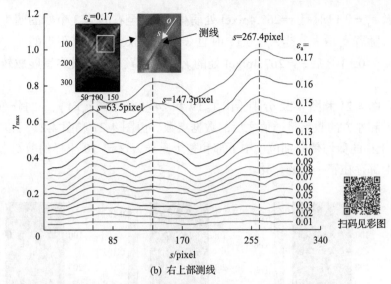

(b) 右上部测线

图 4-20　10#土样两条剪切带发展过程中测线上 γ_{max} 的分布及演变

扫码见彩图

由图 4-20(a)可以发现：

(1)随着 ε_a 增大，10#土样左上部测线上的 γ_{max} 由近似均匀分布向不均匀分布转变，且各处 γ_{max} 均不断增大，这与 4.3 节发现的现象类似。测线上 γ_{max} 的不均匀分布至少来源于两个方面：①介质的非均质性，如介质相对硬或缺陷少的位置 γ_{max} 高；②剪切带之间的相互影响，通常剪切带交叉位置的 γ_{max} 高。

(2)当 ε_a=0.17 时(微裂纹刚出现)，γ_{max} 的分布呈现 3 个明显的峰。下面介绍其发展过程。当 ε_a≤0.03 时，测线上各处的 γ_{max} 相差不大，没有峰出现。当 ε_a = 0.05 时，s=377.5pixel 处出现全局峰。此后，随着 ε_a 增大，此处 γ_{max} 快速增大，一直处于全局峰，直到 ε_a = 0.11 时。当 ε_a > 0.11 时，全局峰从 s=377.5pixel 处逐渐转移至 s=387.5pixel 处，最终发展成由左至右第 3 个峰。和由左至右的第 3 个峰相比，第 1~2 个峰萌生较晚。第 1 个峰萌生于 ε_a=0.08 时且 s=107.5pixel 处。此后，随着 ε_a 增大，该位置的 γ_{max} 快速增大，最终发展成第 1 个峰。第 2 个峰萌生于 ε_a=0.13 时且 s=245pixel 处。

第 2 个峰的萌生过程富有戏剧性。当 ε_a < 0.13 时，与测线上其他位置的 γ_{max} 相比，s=245pixel 处的 γ_{max} 并不高，曾一度低于其右方 s=275pixel 处的 γ_{max}。当 ε_a≥0.13 之后，s=245pixel 处的 γ_{max} 才高于其右方 s=275pixel 处的 γ_{max}，最后发展成峰之一。

由图 4-20(b)可以发现，10#土样右上部测线上 γ_{max} 的分布及演变规律与左上部的类似。当 ε_a = 0.17 时(微裂纹刚出现)，γ_{max} 的分布也呈现 3 个明显的峰。由左至右 3 个峰分别在 ε_a = 0.05 时且 s=63.5pixel 处、ε_a = 0.10 时且 s=147.3pixel

处及 $\varepsilon_a = 0.13$ 时且 s=267.4pixel 处萌生。由左至右的第 3 个峰的萌生过程较为特殊。随着 ε_a 增大，当 $\varepsilon_a < 0.11$ 时且 s=267.4pixel 处及其附近的 γ_{max} 一度较低。当 $\varepsilon_a \geqslant 0.13$ 之后，s=267.4pixel 处的 γ_{max} 才脱颖而出，最终发展成较为明显的峰之一。

图 4-21 和图 4-22 分别给出了 19# 和 24# 土样不同 ε_a 时 γ_{max} 的分布。图中土样下方和左方的数字是插值之后的数据点数。由图 4-21 和图 4-22 可以发现，19# 和 24# 土样的剪切带分别位于中下部和整个土样，这与 10# 土样的剪切带主要集中在中上部存在着一定的差异。

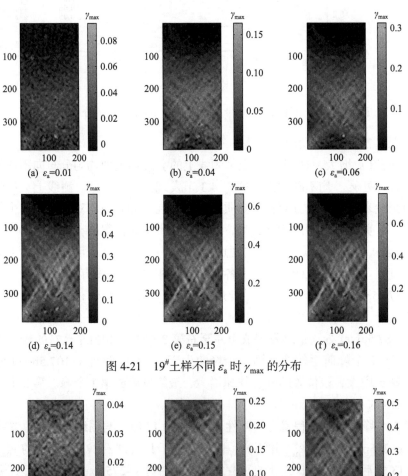

图 4-21　19# 土样不同 ε_a 时 γ_{max} 的分布

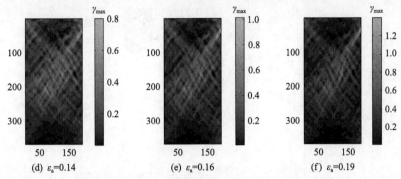

图 4-22　24#土样不同 ε_a 时 γ_{max} 的分布

图 4-23 给出了 19#和 24#土样测线上 γ_{max} 的分布及演变。对于 19#土样，根据 $\varepsilon_a = 0.16$ 时土样左下部 1 条清晰剪切带所处位置布置测线[图 4-23(a)]，其长度为 322pixel。对于 24#土样，根据 $\varepsilon_a = 0.19$ 时土样右上部 1 条清晰剪切带所处位置布置测线[图 4-23(b)]，其长度为 153pixel。坐标原点 o 布置在测线的上端，坐标用 s 表示。由此可以发现，随着 ε_a 增大，19#土样左下部和 24#土样右上部测线上 γ_{max} 的分布及演变与 10#土样的基本类似，相同点不再赘述。不同的是，当 ε_a 较高时，与 10#土样的 γ_{max} 主峰数量相比，19#和 24#土样较少，这与测线的长度和分布位置有关。

综上所述，可以观察到剪切带方向上 γ_{max} 的主峰的三种演变方式。

(1)方式 1。当 ε_a 达到某一值后，某处的 γ_{max} 发生突增(尽管可能不是全局峰值)，此后，该处的 γ_{max} 一直以较快的速度增大，直到成为主峰。可从土样中某处存在缺陷对方式 1 的根源进行解释。

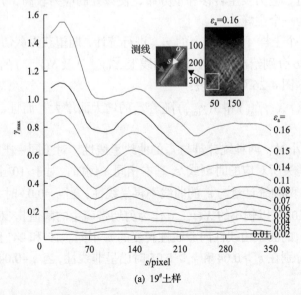

(a) 19#土样

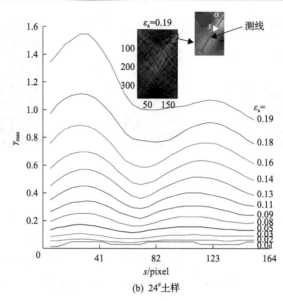

(b) 24#土样

图 4-23　19#和 24#土样 1 条剪切带发展过程中测线上 γ_{max} 的分布及演变

(2) 方式 2。当 ε_a 在一定范围内时，某处的 γ_{max} 尽管较高，但并不比其周围有些位置的高，也就是说，该处的 γ_{max} 只是一个小范围的局部峰。随着加载的进行，由于宏观上剪切带之间的相互影响及细观上微结构之间的相互作用，该处的 γ_{max} 逐渐赢得了竞争的优势，最终成长为一个主峰。

(3) 方式 3。当 ε_a 在一定范围内时，某处的 γ_{max} 一直较低，且其两侧附近的 γ_{max} 较高，这可能是由于此处介质较为密实，而其两侧的介质较为正常或存在缺陷。随着加载的进行，应力发生转移和重分布，使该处的应力较高，介质发生损坏，从而最终成长为一个主峰。

下面，对 3 个土样 4 条测线上的 γ_{max} 进行统计，期望获得剪切带萌生的条件。图 4-24～图 4-26 分别给出了 3 个土样测线上 $\bar{X}(\gamma_{max})$ 及 $S(\gamma_{max})$ 的变化规律。

由图 4-24～图 4-26 可以发现：

(1) 总体上，$\bar{X}(\gamma_{max})$ 和 $S(\gamma_{max})$ 随着 ε_a 的增大而增大，而且，增大的速度越来越快。

(2) 当 ε_a 较小时，两种统计量与 ε_a 的曲线呈线性，对于同一土样的不同测线，上述线性规律消失所对应的时刻或 ε_a 基本相同。例如，对于 10#土样两条测线，当 $\varepsilon_a > 0.03$ 时，两种统计量与 ε_a 的曲线不再呈线性；当 $\varepsilon_a = 0.03$ 时，$\bar{X}(\gamma_{max})$ 分别为 0.0924 和 0.1087[以较小的 $\bar{X}(\gamma_{max})$ 作为剪切带萌生的阈值]。对于不同土样，两种统计量与 ε_a 的曲线由线性向非线性转变的 ε_a 不同。19#和 24#土样的两种统计量与 ε_a 的曲线分别在 $\varepsilon_a > 0.04$ 和 $\varepsilon_a > 0.05$ 时已呈非线性，当 $\varepsilon_a = 0.04$ 和 $\varepsilon_a = 0.05$ 时，

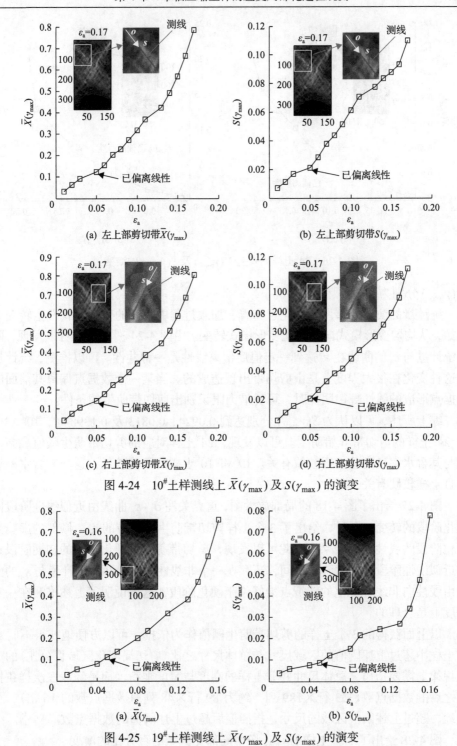

图 4-24　$10^{\#}$ 土样测线上 $\bar{X}(\gamma_{\max})$ 及 $S(\gamma_{\max})$ 的演变

图 4-25　$19^{\#}$ 土样测线上 $\bar{X}(\gamma_{\max})$ 及 $S(\gamma_{\max})$ 的演变

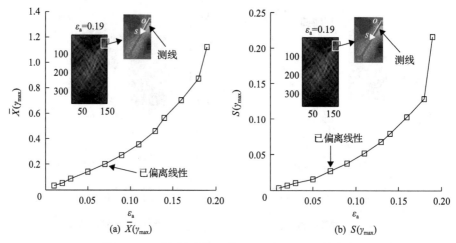

图 4-26　$24^{\#}$ 土样测线上 $\bar{X}(\gamma_{\max})$ 及 $S(\gamma_{\max})$ 的演变

$\bar{X}(\gamma_{\max})$ 分别为 0.0813 和 0.1398。

统计量的演变规律发生变化意味着在加载过程中土样的变形模式发生转变，例如，从均匀变形模式向局部化变形模式转变。由图 4-24～图 4-26 可以发现，两种统计量与 ε_{a} 的曲线在 ε_{a} 达到一定值后偏离线性是一种共性。可以推测，统计量的这种变化在很大程度上是由剪切带出现造成的。当某一个数据点偏离其前面的数据点形成的线性规律明显时，可凭借肉眼识别出剪切带萌生的条件。

综上所述，可以认为 $S(\gamma_{\max})$ 分别达到 0.0924、0.0813 及 0.1398 时，$10^{\#}$、$19^{\#}$ 及 $24^{\#}$ 土样的剪切带开始萌生。可以发现，$24^{\#}$ 土样对应的剪切带萌生阈值最高，这与其含水率最高且土样较软有关。$19^{\#}$ 和 $10^{\#}$ 土样的阈值较低，这与其含水率较低且土样较硬有关。

图 4-27 给出了图 4-18 的局部放大图，重点关注 σ_{a}-ε_{a} 曲线由近似线性阶段向硬化阶段的转变，同时，给出了 3 个土样剪切带萌生所对应的 ε_{a}，倾斜的虚线是硬化阶段的线性回归结果。由此可以发现，剪切带萌生于硬化阶段的初期阶段；在近似线性阶段与硬化阶段之间，还存在一个非线性阶段。两种统计量与 ε_{a} 的曲线由线性向非线性变化的转折点恰好位于硬化阶段，这也说明了上述推测在一定程度上是合理的。

以上面获得的 3 个土样的剪切带萌生阈值作为依据，可以方便地获得不同 ε_{a} 时土样中超过上述阈值的区域尺寸与总体尺寸之比(剪切局部化区域百分比)的变化规律。需要指出，总体尺寸并非土样的高度与宽度乘积，而是经双三次样条插值之后的数据点数(353 行×189 列，约为 89 行×48 列原数据点数的 16 倍)，相应地，超过上述阈值区域的尺寸是指插值后超过上述阈值的数据点数。

图 4-28 给出了 3 个土样的 $\gamma_{\max}$ 场中局部化区域的百分比的演变。

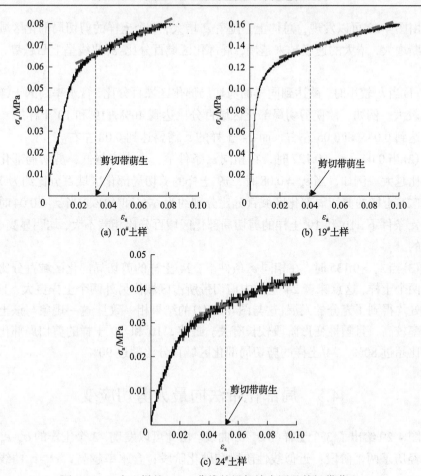

图 4-27　3 个土样的 σ_a-ε_a 曲线的局部放大图及剪切带萌生

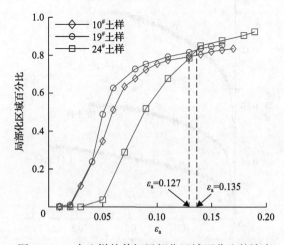

图 4-28　3 个土样的剪切局部化区域百分比的演变

由图 4-28 可以发现，总体上，随着 ε_a 增大，3 个土样的剪切局部化区域百分比不断增大，增大的速度越来越慢，局部化区域百分比-ε_a 曲线呈上凸趋势，具体如下。

(1) 当 ε_a 较小时，欲达到同样的剪切局部化区域百分比，含水率高的土样需要的 ε_a 较大。例如，欲使剪切局部化区域百分比达到 40%，19#和 10#土样的 ε_a 分别需要达到 0.045 和 0.05 左右，而 24#土样的 ε_a 需要达到 0.08 左右。

(2) 当 $0.04 < \varepsilon_a < 0.127$ 时，在相同 ε_a 条件下，含水率越低，剪切局部化区域百分比越大。例如，当 $\varepsilon_a = 0.08$ 时，19#土样的剪切局部化区域百分比约为 72%，10#和 24#土样的剪切局部化区域百分比分别约为 67%和 40%。当 $\varepsilon_a < 0.04$ 时，在相同 ε_a 条件下，10#和 19#土样的剪切局部化区域百分比相差不大，均明显高于 24#土样的。

(3) 当 $\varepsilon_a > 0.135$ 时，在相同 ε_a 条件下，24#土样的剪切局部化区域百分比高于另外两个土样，这意味着 24#土样中剪切带所占区域比另外两个土样更大，剪切带在各处均得到了充分的发展[与图 4-22(f)的结果相一致]。这一现象与该土样的含水率较高，且塑性变形阶段较长有关。最终，10#和 19#土样的剪切局部化区域百分比超过 80%，24#土样的剪切局部化区域百分比超过 90%。

4.5 局部化带法向最大剪切应变

图 4-29 给出了 3 个土样的 σ_a-ε_a 曲线。由此可以发现，3 个土样的 σ_a-ε_a 曲线大致经历了两个阶段：近似线性阶段和硬化阶段；含水率越高，σ_a-ε_a 曲线越平

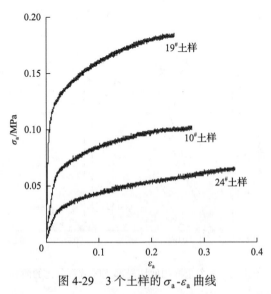

图 4-29 3 个土样的 σ_a-ε_a 曲线

缓。例如，19$^\#$和 10$^\#$土样的加载速率相同，且 19$^\#$土样的含水率低于 10$^\#$土样，19$^\#$土样的 σ_a-ε_a 曲线较为陡峭。24$^\#$土样含水率最高，σ_a-ε_a 曲线最平缓。

图 4-30～图 4-32 分别给出了 10$^\#$土样微裂纹出现之前不同 ε_a 时的 ε_x、ε_y 和 γ_{xy} 分布。应当指出，10$^\#$土样的 γ_{max} 分布已经在图 4-19 中给出。图 4-33 和图 4-34 分别给出了 19$^\#$和 24$^\#$土样微裂纹出现之前不同 ε_a 时 ε_x 的分布。

4.3 节考察了 7$^\#$、8$^\#$和 22$^\#$土样的 γ_{max}、ε_x 和 ε_y 的分布及演变，得到了以下认识：①对于 γ_{max} 的分布，在近似线性阶段，总体上，γ_{max} 的高值区呈斑点状或块状分布；在靠近土样两端附近，γ_{max} 较小，γ_{max} 分散性大；在硬化阶段，γ_{max} 呈网状分布，剪切带网状格局越来越清晰。②在近似线性阶段，总体上，ε_x 为正，

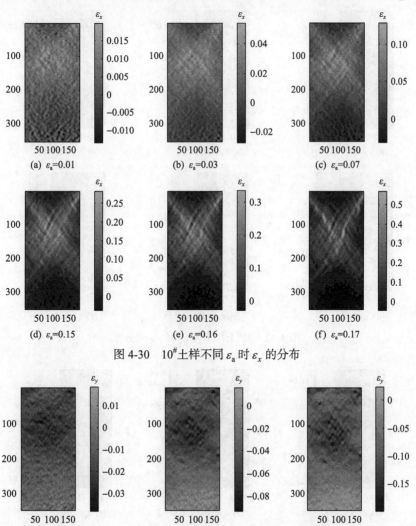

图 4-30　10$^\#$土样不同 ε_a 时 ε_x 的分布

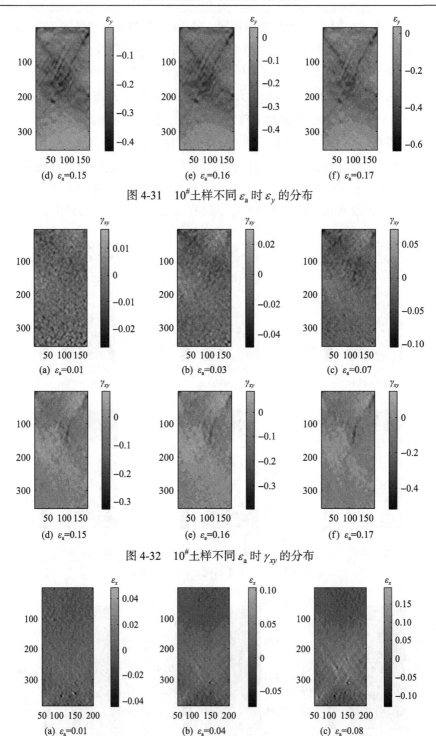

(d) ε_a=0.15　　　　　(e) ε_a=0.16　　　　　(f) ε_a=0.17

图 4-31　　10$^{\#}$土样不同 ε_a 时 ε_y 的分布

(a) ε_a=0.01　　　　　(b) ε_a=0.03　　　　　(c) ε_a=0.07

(d) ε_a=0.15　　　　　(e) ε_a=0.16　　　　　(f) ε_a=0.17

图 4-32　　10$^{\#}$土样不同 ε_a 时 γ_{xy} 的分布

(a) ε_a=0.01　　　　　(b) ε_a=0.04　　　　　(c) ε_a=0.08

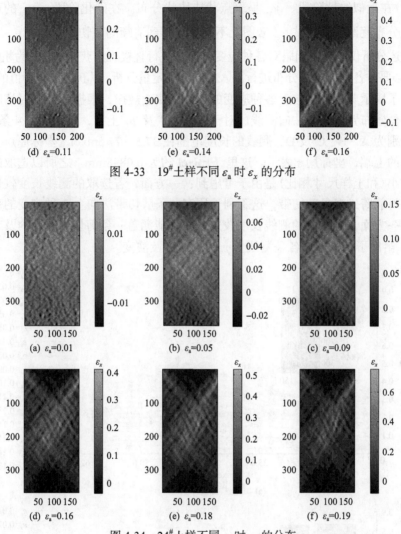

(d) $\varepsilon_a=0.11$　　　　　(e) $\varepsilon_a=0.14$　　　　　(f) $\varepsilon_a=0.16$

图 4-33　$19^{\#}$土样不同 ε_a 时 ε_x 的分布

(a) $\varepsilon_a=0.01$　　　　　(b) $\varepsilon_a=0.05$　　　　　(c) $\varepsilon_a=0.09$

(d) $\varepsilon_a=0.16$　　　　　(e) $\varepsilon_a=0.18$　　　　　(f) $\varepsilon_a=0.19$

图 4-34　$24^{\#}$土样不同 ε_a 时 ε_x 的分布

代表侧向膨胀；ε_y 为负，代表纵向收缩；在土样中部，ε_x 呈现垂直条纹状分布，ε_y 呈现水平条纹状分布；在靠近土样两端附近区域，ε_x 和 ε_y 的分布比较分散；在硬化阶段，ε_x 和 ε_y 的分布变得不均匀，在土样中部，二者均呈条纹状分布。

　　由图 4-19 和图 4-30～图 4-34 可以发现，对于 $10^{\#}$、$19^{\#}$及 $24^{\#}$土样，上述规律基本成立，但需要补充和修正如下。

　　(1) ε_x 的分布及演变规律与 γ_{max} 较为类似，即从 γ_{max} 云图上能观察到的现象在 ε_x 云图对应位置上基本也能观察到。例如，在图 4-19(f) 和图 4-30(f) 的左上部和右上部，分别可观察到 1 条清晰的剪切带。

(2)在近似线性阶段，γ_{xy}呈斑点状或块状分布。在硬化阶段，γ_{xy}的斑点状或块状分布逐渐消失，从γ_{xy}云图上不容易观察到清晰的剪切带。

上述分析仅是凭借肉眼对各种应变的云图进行直接观察获得的，较为粗略。因此，有必要对各种应变的分布进行深入的统计和定量分析，以获得更有价值的结果。

为了揭示剪切带法向上各种应变的分布及演变规律，根据ε_a较高时清晰剪切带所处位置布置剪切带法向测线。对于$10^{\#}$、$19^{\#}$及$24^{\#}$土样，共布置了4条测线，编号分别为A、B、C及D，测线的长度范围在37.5～77.5pixel，坐标原点o布置在测线的上端，坐标用s'表示。这里，1pixel约为0.0898mm。之所以选取的测线长度较小（和土样尺寸相比）是由于考虑到：一方面，若选取的测线长度较长，测线将有可能跨过多条剪切带，这不利于研究一条剪切带法向上3种应变的变化规律；另一方面，若选取的测线长度较短，将不能涵盖一条剪切带的带内及带外。图4-35给出了3个土样各条测线上γ_{max}的分布及演变。

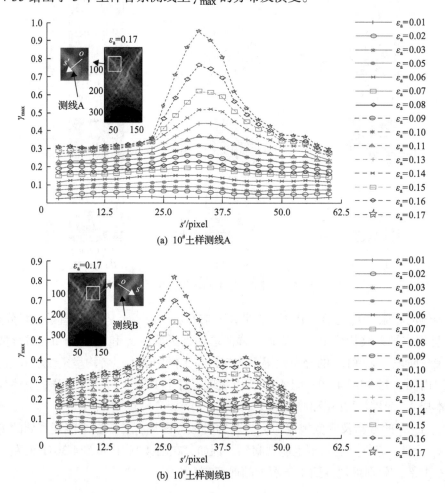

(a) $10^{\#}$土样测线A

(b) $10^{\#}$土样测线B

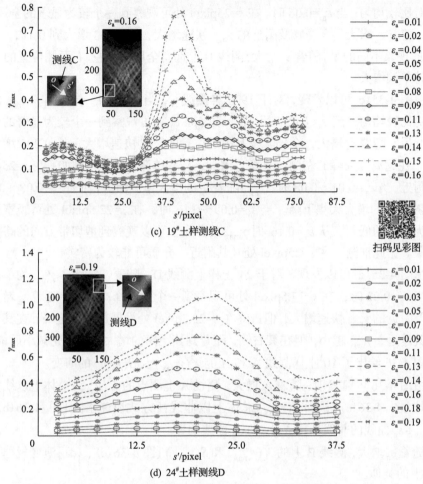

(c) 19#土样测线 C

扫码见彩图

(d) 24#土样测线 D

图 4-35　不同 ε_a 时 4 条测线上 γ_{max} 的演变

由图 4-35 可以发现，随着 ε_a 增大，测线上 γ_{max} 由均匀分布向不均匀分布转变，直至出现明显的应变局部化现象。

对于 10#土样测线 A，由图 4-35(a)可以发现：当 ε_a=0.01～0.07 时，γ_{max} 的分布较为平坦；当 ε_a=0.08 时，在 s'=31.25pixel 处可观察到一个较为显著的全局峰，距离全局峰越远，γ_{max} 越小；此后，随着 ε_a 增大，全局峰及附近的 γ_{max} 快速增大，从 0.196 增大到 0.952，而在远离全局峰的位置，γ_{max} 增大得较慢。在远离全局峰的右侧，随着 ε_a 增大，γ_{max} 单调增大；在远离全局峰的左侧，当 ε_a=0.01～0.16 时，随着 ε_a 增大，γ_{max} 保持单调增大；而当 ε_a=0.16～0.17 时，个别位置(如 s=18.75pixel 处及附近)γ_{max} 有所下降。

由图 4-35(b)可以发现，对于 10#土样测线 B，当 ε_a=0.01～0.05 时，γ_{max} 的分

布相对比较均匀；当 ε_a=0.06 时，在 s=25pixel 处可观察到一个较为显著的全局峰；此后，随着 ε_a 增大，全局峰及附近的 γ_{max} 快速增大，从 0.053 增大到 0.412。与测线 A 的现象不同的是，随着 ε_a 增大，测线 B 上远离全局峰的左、右两侧位置的 γ_{max} 均保持单调增大。

由图 4-35(c)可以发现，对于 19#土样测线 C，当 ε_a=0.01～0.06 时，γ_{max} 的分布相对比较均匀；当 ε_a=0.08 时，在 s=52.5pixel 处可观察到一个较为显著的全局峰；此后，随着 ε_a 增大，全局峰及其附近位置的 γ_{max} 快速增大，从 0.205 增大到 0.777。在远离全局峰的左侧，随着 ε_a 增大，γ_{max} 单调性较差。例如，在 s=25pixel 处及附近，当 ε_a=0.01～0.08 时，γ_{max} 随着 ε_a 的增大单调增大，而当 ε_a=0.08～0.09，γ_{max} 随着 ε_a 的增大大幅下降。当 ε_a=0.09～0.16 时，在 s=22.5pixel 处可观察到一个较为显著的低谷。从 ε_a=0.16 时 γ_{max} 的分布上可以观察到剪切带方向的略微偏转现象。据此推测，在 s=25pixel 处及其附近，介质可能较为密实。

由图 4-35(d)可以发现，对于 24#土样上测线 D，随着 ε_a 增大，γ_{max} 均单调增大；当 ε_a=0.02 时，在 s=17.5pixel 处可观察到一个全局峰；此后，随着 ε_a 增大，该峰及附近的 γ_{max} 快速增大，但最终在 s=22.5pixel 处发展成一个主峰，在其左侧且距其越远，γ_{max} 越小，但在其右侧，随着到其距离的增大，γ_{max} 先减小后增大。

图 4-36 给出了 10#土样测线 A 和 B 上 $\bar{X}(\gamma_{max})$ 及 $S(\gamma_{max})$ 的演变。

由图 4-36 可以发现，随着 ε_a 增大，测线 A 上测点的 $\bar{X}(\gamma_{max})$ 总体上以线性方式递增[图 4-36(a)]；而 $S(\gamma_{max})$ 总体上以非线性方式快速增大[图 4-36(b)]；$S(\gamma_{max})$-ε_a 曲线的非线性比 $\bar{X}(\gamma_{max})$-ε_a 曲线明显。

随着 ε_a 增大，测线 B 上的 $\bar{X}(\gamma_{max})$ 和 $S(\gamma_{max})$[图 4-36(c)、(d)]演变规律与测线 A 上的类似。

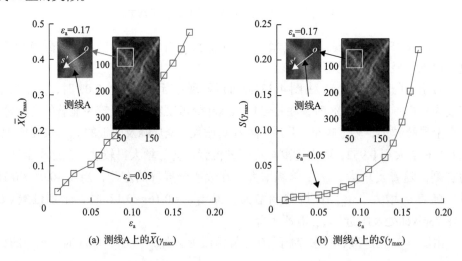

(a) 测线A上的$\bar{X}(\gamma_{max})$　　　　　　(b) 测线A上的$S(\gamma_{max})$

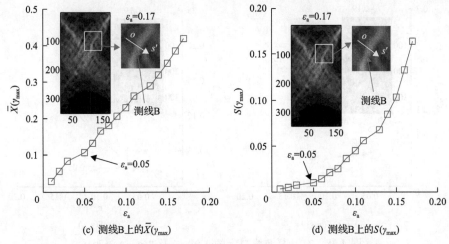

图 4-36　10[#]土样测线 A 和 B 上的 $\bar{X}(\gamma_{\max})$ 及 $S(\gamma_{\max})$ 演变

图 4-37 给出了 19[#]土样测线 C 上的 $\bar{X}(\gamma_{\max})$ 和 $S(\gamma_{\max})$ 演变规律。由图 4-37 可以发现，随着 ε_a 增大，测线 C 上的 $\bar{X}(\gamma_{\max})$ 和 $S(\gamma_{\max})$ 演变规律与测线 A 上的类似。

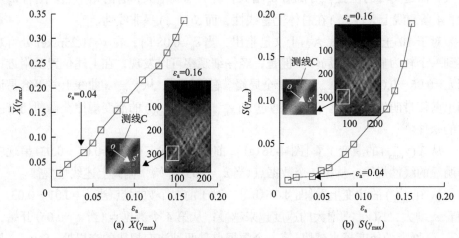

图 4-37　19[#]土样测线 C 上的 $\bar{X}(\gamma_{\max})$ 及 $S(\gamma_{\max})$ 演变

图 4-38 给出了 24[#]土样测线 D 上的 $\bar{X}(\gamma_{\max})$ 和 $S(\gamma_{\max})$ 演变规律。由此可以发现，随着 ε_a 增大，测线 D 上的 $\bar{X}(\gamma_{\max})$ 和 $S(\gamma_{\max})$ 演变规律与测线 A 上的类似。

上述剪切带法向上 $\gamma_{\max}$ 的分布规律的实验结果与基于梯度塑性理论的剪切带的剪切应变分布的理论解（De Borst and Mühlhaus，1992；Menzel and Steinmann，2000；王学滨等，2003）并不完全相同。这些理论解是基于剪切带启动于线弹性阶段之末，即达到强度之时建立的，且认为剪切带启动之后，介质发生应变软化。

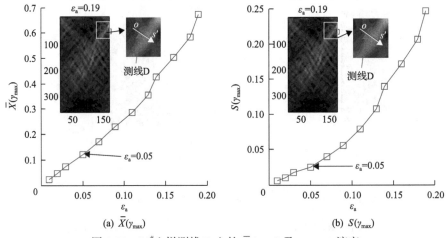

图 4-38 $24^{\#}$ 土样测线 D 上的 $\bar{X}(\gamma_{\max})$ 及 $S(\gamma_{\max})$ 演变

目前的实验结果并非如此：在近似线性阶段结束后，土样出现应变硬化，而非应变软化。

综上所述，3 个土样 4 条测线上 $\gamma_{\max}$ 峰值附近的 $\gamma_{\max}$ 随着 ε_a 增大单调、快速增大；而远离峰的位置 $\gamma_{\max}$ 随着 ε_a 增大，有的单调增大，有的则不然。随着 ε_a 增大，4 条测线上 $\bar{X}(\gamma_{\max})$ 在总体上呈线性，而 $S(\gamma_{\max})$ 呈非线性。

对于 $10^{\#}$ 土样上测线 A，上文已指出，当 $\varepsilon_a=0.08$ 时，在 $s=31.25$pixel 处可观察到一个较为显著的全局峰。但是，经仔细观察可以发现，在上述位置及附近，当 $\varepsilon_a=0.05\sim0.07$ 时，$\gamma_{\max}$ 已处于全局峰。客观地讲，从 $\gamma_{\max}$ -s' 曲线上并不容易识别出剪切带萌生的条件。下面，通过 $\bar{X}(\gamma_{\max})$ 和 $S(\gamma_{\max})$ 的演变规律获得剪切带萌生的条件。

从 $\bar{X}(\gamma_{\max})$ 的演变上看[图 4-36(a)]，前 3 个数据点(当 $\varepsilon_a=0.01\sim0.03$)呈现较为明显的线性规律；从第 4 个数据点(当 $\varepsilon_a=0.05$)开始，偏离上述线性规律。

从 $S(\gamma_{\max})$ 的演变上看[图 4-36(b)]，对于前 3 个数据点(当 $\varepsilon_a=0.01\sim0.03$)，随着 ε_a 增大，$S(\gamma_{\max})$ 增大的速度越来越慢；从第 4 个数据点(当 $\varepsilon_a=0.05$)开始，$S(\gamma_{\max})$ 增大的速度越来越快。第 4 个数据点是两种演变规律的交界处。$S(\gamma_{\max})$ 越来越大意味着测线上 $\gamma_{\max}$ 的分布越不均匀。

综上所述，测线 A 上 $\gamma_{\max}$ 由均匀分布向不均匀分布转变发生在 $\varepsilon_a=0.05$ 时，认为此时剪切带萌生。

由图 4-36(c)、(d)可以发现，从测线 B $\bar{X}(\gamma_{\max})$-ε_a 和 $S(\gamma_{\max})$-ε_a 曲线上获得的剪切带萌生条件仍为 $\varepsilon_a=0.05$，而从 $\gamma_{\max}$ -s' 曲线上难以识别出剪切带萌生的条件。

对于 $19^{\#}$ 土样上测线 C，当 $\varepsilon_a=0.02\sim0.08$ 时，在 $s=52.5$pixel 处可观察到一个全局峰[图 4-35(c)]。当 $\varepsilon_a=0.09\sim0.16$ 时，在 $s=42.5$pixel 处可观察到一个全局峰。

此后，随着 ε_a 增大，该峰及其附近位置的 γ_{max} 快速增大，而位于其右侧的较早发展起来的全局峰的发展受到抑制。显然，与右侧全局峰相比，左侧全局峰的启动较晚，若以左侧全局峰的启动作为剪切带萌生的条件，则 ε_a=0.09，若以右侧全局峰启动作为剪切带萌生的条件，则 ε_a=0.02。标准并不唯一。所以，从 γ_{max}-s' 曲线图上仍难以获得剪切带的萌生条件。

从 $\bar{X}(\gamma_{max})$ 的演变上看[图 4-37(a)]，第 3 个数据点明显偏离前两个数据点的线性规律。从 $S(\gamma_{max})$ 的演变上看[图 4-37(b)]，第 3 个数据点为 $S(\gamma_{max})$ 快速增加的开始点。据此，可将 ε_a=0.04 作为剪切带萌生的条件。

对于 24# 土样上测线 D，当 ε_a=0.02、0.05～0.13 时，在 s=17.5pixel 处可观察到一个全局峰。当 ε_a=0.19 时，在 s=22.5pixel 处可观察到一个全局峰。从 $\bar{X}(\gamma_{max})$ 的演变上看[图 4-38(a)]，前 5 个数据点的线性规律较好。从 $S(\gamma_{max})$ 的演变规律上看[图 4-37(b)]，第 4 个数据点为 $S(\gamma_{max})$ 快速增大的开始点。据此，可将 ε_a=0.05 作为剪切带萌生的条件。

由上述剪切带萌生的条件和图 4-29 可以发现，3 个土样的剪切带萌生均对应于 σ_a-ε_a 曲线的硬化阶段的初始阶段。

图 4-39 和图 4-40 分别给出了 3 个土样各条测线上 ε_x 和 ε_y 的分布及演变。表 4-3 和表 4-4 分别统计了测线上 ε_x 和 ε_y 对 γ_{max} 的贡献率。

4 条测线上 ε_x 均为正（图 4-39），代表侧向膨胀。ε_x 的分布及演变规律与 γ_{max} 类似，从 γ_{max} 上观察到的若干现象在 ε_x 上也能观察到。例如，剪切带中部 ε_x 的快速增大现象，带外 ε_x 的缓慢增大现象，众多位置的 ε_x 随着 ε_a 的增大而单调增大的现象。由式(4-2)可以发现，ε_x 是 γ_{max} 的贡献因素之一。在此，计算 ε_x 的峰值与 γ_{max} 的峰值之比，以获得 ε_x 对 γ_{max} 的贡献率。由表 4-3 可以发现，在加载后期的 6 个时刻，随着 ε_a 的增大，3 个土样 4 条测线上 ε_x 对 γ_{max} 的贡献率均逐渐增大，

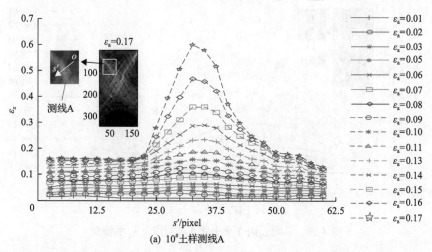

(a) 10# 土样测线A

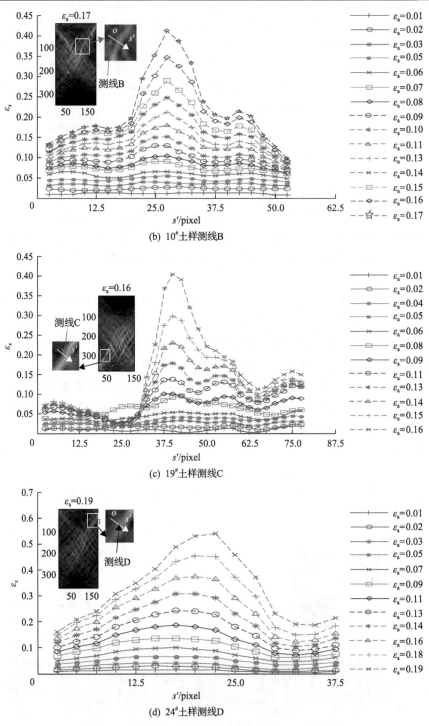

(b) 10#土样测线B

(c) 19#土样测线C

(d) 24#土样测线D

图 4-39　不同 ε_a 时 3 个土样 4 条测线上 ε_x 的演变

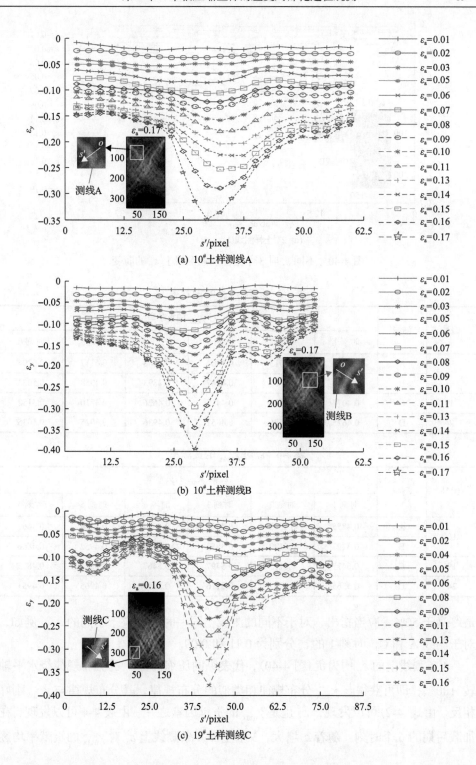

(a) 10#土样测线A

(b) 10#土样测线B

(c) 19#土样测线C

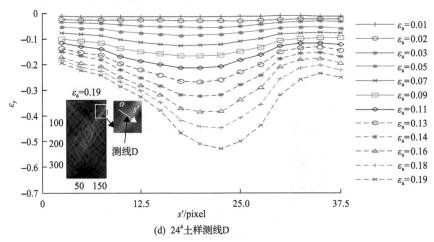

(d) 24#土样测线D

图 4-40　不同 ε_a 时 3 个土样 4 条测线上 ε_y 的演变

表 4-3　ε_x 对 γ_{max} 的贡献率

编号	测线	ε_x 对 γ_{max} 的贡献率					
		时刻 1	时刻 2	时刻 3	时刻 4	时刻 5	时刻 6
#10	A	0.5113	0.5313	0.5584	0.5848	0.6117	0.6304
	B	0.4714	0.4781	0.4847	0.4893	0.4958	0.5053
#19	C	0.4077	0.4177	0.4417	0.4626	0.4810	0.5182
#24	D	0.4625	0.4786	0.4857	0.4936	0.5025	0.5035

表 4-4　ε_y 对 γ_{max} 的贡献率

编号	测线	ε_y 对 γ_{max} 的贡献率					
		时刻 1	时刻 2	时刻 3	时刻 4	时刻 5	时刻 6
10#	A	0.4855	0.4648	0.4366	0.4074	0.3784	0.3667
	B	0.5197	0.5129	0.5053	0.5014	0.4952	0.4866
19#	C	0.6477	0.6112	0.5797	0.5467	0.5224	0.4873
24#	D	0.5365	0.5242	0.5136	0.5055	0.4965	0.4931

最终高于 50%。应当指出，对于不同的测线，同一时刻对应于不同的 ε_a，例如，对于测线 A 和 C，时刻 1 的 ε_a 分别为 0.11 和 0.09。

4 条测线上的 ε_y 均为负(图 4-40)，代表纵向压缩。将 ε_y 的分布规律绕水平轴转 180°，即可获得与 γ_{max} 分布规律相类似的分布规律。其分布规律与 γ_{max} 刚好相反。由式(4-2)可以发现，ε_y 也是 γ_{max} 的贡献因素之一。由表 4-4 可以发现，在加载后期的 6 个时刻，随着 ε_a 增大，3 个土样 4 条测线上 ε_y 对 γ_{max} 的贡献率均逐渐减小，最终低于 50%。

在单轴压缩过程中，土样整体的纵向变形远大于水平变形。但是，在剪切带法向上，并非 ε_y 的值一直大于 ε_x。在剪切带刚出现不久，剪切带中部的 ε_x 和 ε_y 的值相差不大；随着剪切带的变形，ε_y 增长速度低于 ε_x 增长速度。所以，最终 ε_x 对 $\gamma_{\max}$ 的贡献率逐渐大于 ε_y 的贡献率，而 γ_{xy} 的贡献率不大。

4.6　剪切带剪胀测量

4.6.1　剪胀的统计量

由 4.3 节的结果可以发现，较高的 ε_{vl} 的区域尺寸并不大，呈短条带形，但恰位于剪切带上。这里，主要关注剪切带的剪胀特征，因此，需要在剪切带特定位置布置一些测线。测线的位置根据微裂纹出现时较高的 ε_{vl} 的区域所处位置确定。一旦这些测线的位置确定，即使在这些剪切带出现之前，也可以方便地获取这些测线上的 ε_{vl}。

统计了 ε_{vl} 的均值 $\bar{X}(\varepsilon_{vl})$ 和标准差 $S(\varepsilon_{vl})$。

4.6.2　局部体积应变的时空分布

图 4-41 给出了各土样的 σ_a-ε_a 曲线及 ε_{vg}-ε_a 曲线。图 4-42～图 4-44 分别给出了 10# 、19# 及 24# 土样从加载初期直到微裂纹出现不同 ε_a 时 ε_{vl} 的分布。图 4-42～图 4-44 中各子图下方和左方的数字分别表示插值后各数据点的列数和行数。

由图 4-41 可以发现，σ_a-ε_a 曲线可被分为近似线性阶段和硬化阶段；直至微裂纹出现，ε_{vg} 一直为负（剪缩）；随着 ε_a 增大，土样的体积越来越小，但体积收缩有减慢的趋势。这些结果与 4.3 节的结果类似。ε_{vg} 由 4.3 节中方法 3 计算。

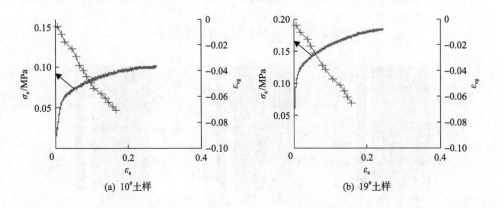

(a) 10# 土样　　　　　　　　　　　　(b) 19# 土样

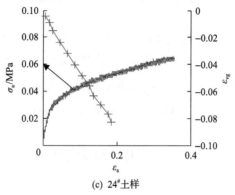

(c) 24#土样

图 4-41　土样的 σ_a-ε_a 曲线及 ε_{vg}-ε_a 曲线

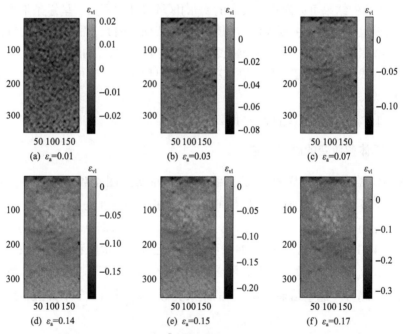

(a) ε_a=0.01　　　　(b) ε_a=0.03　　　　(c) ε_a=0.07

(d) ε_a=0.14　　　　(e) ε_a=0.15　　　　(f) ε_a=0.17

图 4-42　10#土样不同 ε_a 时 ε_{vl} 的分布

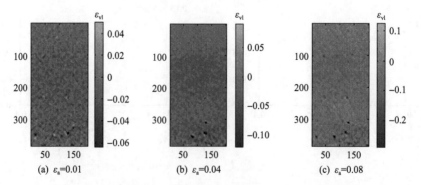

(a) ε_a=0.01　　　　(b) ε_a=0.04　　　　(c) ε_a=0.08

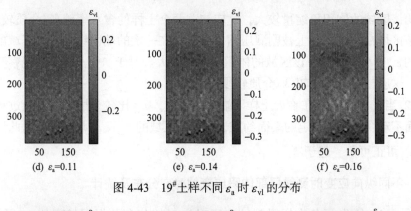

(d) $\varepsilon_a=0.11$　　　(e) $\varepsilon_a=0.14$　　　(f) $\varepsilon_a=0.16$

图 4-43　19$^{\#}$土样不同 ε_a 时 ε_{vl} 的分布

(a) $\varepsilon_a=0.01$　　　(b) $\varepsilon_a=0.05$　　　(c) $\varepsilon_a=0.09$

(d) $\varepsilon_a=0.16$　　　(e) $\varepsilon_a=0.18$　　　(f) $\varepsilon_a=0.19$

图 4-44　24$^{\#}$土样不同 ε_a 时 ε_{vl} 的分布

由图 4-41 还可以发现，含水率越高的土样，σ_a-ε_a 曲线越平缓（即弹性模量和硬化模量越小），ε_{vg}-ε_a 曲线越陡峭，这意味着含水率高的土样体积收缩快，且体积收缩量大。

4.3 节考察了 7$^{\#}$、8$^{\#}$ 和 22$^{\#}$ 土样 ε_{vl} 的分布及演变，所得认识基本适用于本节的土样（图 4-42～图 4-44）。这里，进一步补充如下。

（1）对于 10$^{\#}$ 和 24$^{\#}$ 土样，在临近土样上端面的区域，ε_{vl} 为负，且 ε_{vl} 值较高，

这表明该区域的体积压缩量较大，这应与这两个土样的含水率较高(介质较软)有关。该区域在垂直方向上被剧烈压缩。由于存在一定的端面约束，该区域的水平方向的 ε_x 很小。所以，该区域的体积压缩量较大。对于 19#土样，未观察到上述现象，这应与其含水率较低(介质较硬)有关。

(2)当 ε_a 较小时，在临近土样下端面的区域，ε_{vl} 比较分散。在实验过程中，下端面不动，且存在一定的端面约束，导致该区域的 ε_x 及 ε_y 均较小，据此计算得到的 ε_{vl} 可正可负，趋于零。

4.6.3 不同纵向应变时测线局部体积应变的时空分布及统计

图 4-45 给出了各土样微裂纹出现时 γ_{max} 的分布及根据较高的 ε_{vl} 区域[图4-42(f)、图 4-43(f)、图 4-44(f)]布置的 4 条测线(用于研究局部扩容角的最大值)的位置，各测线上 ε_{vl} 的分布如图 4-45～图 4-48 所示，$\bar{X}(\varepsilon_{vl})$ 及 $S(\varepsilon_{vl})$ 的演变如图 4-49～图 4-51 所示。

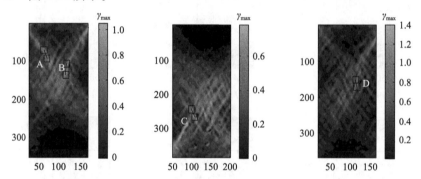

图 4-45　微裂纹刚出现时 γ_{max} 的分布及测线 A～D 的位置(根据较高的 ε_{vl} 区域)

由图 4-45 可以发现，对于 10#、19# 及 24#土样，当 ε_a 分别为 0.17、0.16 及 0.19时，多条剪切带相互交叉，形成清晰的网状格局，4 条测线恰位于 γ_{max} 表征的剪切带上。根据较高的 ε_{vl} 区域确定的测线方向，有的接近于剪切带切向，有的接近于垂直方向，后者与介质的拉裂(微裂纹沿着垂直方向扩展，但局限于剪切带内部)有关。

测线的长度在 83～132pixel，坐标原点 o 位于测线的上端，坐标用 s 表示。这里，1pixel 约为 0.045mm。之所以测线的长度较短(和土样尺寸相比)是考虑到：一方面，若选取的测线较长，测线可能位于不同的变形区域，测线上 $\bar{X}(\varepsilon_{vl})$ 将不能准确刻画剪切带的体积变形特征；另一方面，若选取的测线较短，则不便于获得统计规律。对于 10#土样上测线 A，由图 4-46(a)可以发现如下规律。

(1)在加载初期，测线上各处均不断收缩。当 ε_a=0.01～0.05时，测线上各处 ε_{vl} 均为负；随着 ε_a 增大，测线上绝大部分位置的 ε_{vl} 均不断降低，这表明这些位置的介质不断收缩，$\bar{X}(\varepsilon_{vl})$ 为负，其值不断增大[图4-49(a)]。当 $\varepsilon_a=0.05$ 时，少量位置(如$s=47$pixel附近)的体积比 $\varepsilon_a=0.03$时的大。

(2)随着 ε_a 增大，发生膨胀的位置数目增多。当 $\varepsilon_a=0.06$ 时，与 $\varepsilon_a=0.05$ 时相比，大部分位置(如$s=25.4\sim46.7$pixel处)进一步收缩，而少量位置(如$s=69$pixel附近)发生膨胀。从 $\varepsilon_a=0.03\sim0.06$，有少量位置(如$s=69$pixel附近)由收缩变为膨胀。当 $\varepsilon_a=0.07$时，$\bar{X}(\varepsilon_{vl})$ 已达最小[图4-49(a)]，表现为最大限度上的收缩。当 $\varepsilon_a=0.08$ 时，与 $\varepsilon_a=0.07$相比，半数以上位置由收缩变为膨胀(如$s=70\sim117$pixel处)。当 $\varepsilon_a=0.09$时，与 $\varepsilon_a=0.08$时相比，测线上绝大部分位置均发生膨胀。当 $\varepsilon_a=0.01\sim0.09$ 时，测点的 ε_{vl} 始终为负。当 $\varepsilon_a=0.09$时，$\bar{X}(\varepsilon_{vl})$ 与 $\varepsilon_a=0.01$时基本相同。

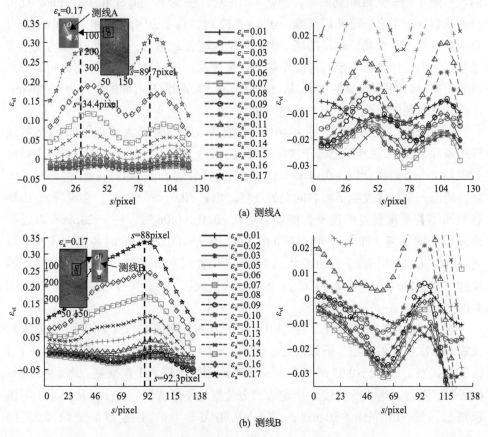

图 4-46　10#土样测线 A 和 B 上 ε_{vl} 的分布及演变

(3)随着 ε_a 进一步增大，测线上各位置的 ε_{vl} 均变成正，ε_{vl} 快速增大。当 $\varepsilon_a=0.10\sim0.17$ 时，随着 ε_a 增大，测线上各位置的 ε_{vl} 从有正有负向均大于零转变，且不断增加，这表明测线上各位置均不断膨胀。在此过程中，$\bar{X}(\varepsilon_{vl})$ 从稍小于零快

速增加至 0.25 左右[图 4-49(a)]；$S(\varepsilon_{vl})$ 从稍大于 0.008 快速增加至约 0.055[图 4-49(b)]。

(4)随着 ε_a 增大，总体上，测线上的位置由压缩向膨胀转变，但在这一过程中，体积变化并非单调，可能会有若干次反复，即会出现由膨胀到压缩若干次反复的复杂过程。例如，从 ε_a=0.01～0.03，在 s=27.6pixel 附近出现 1 次反复；从 ε_a=0.05～0.07，在 s=69pixel 附近出现 1 次反复；从 ε_a=0.01～0.08，在 s=45.6pixel 附近出现两次反复。

(5)有的 ε_{vl} 峰会发生迁移。当 ε_a=0.11 时，在 s=43pixel 和 111.4pixel 处可分别观察到 1 个局部峰和全局峰；当 ε_a=0.13 时，在 s=39.9pixel 和 106pixel 处可分别观察到 1 个全局峰和局部峰；当 ε_a=0.16 时，在 s=39.7pixel 和 100.3pixel 处可分别观察到 1 个全局峰和局部峰；当 ε_a=0.17 时，在 s=34.4pixel 和 89.7pixel 处可分别观察到 1 个全局峰和局部峰。由此可见，随着 ε_a 增大，左右两个峰均发生了迁移。下面，计算由左至右第 2 个峰的迁移速度。迁移速度定义为两个相邻时刻峰的距离与时间间隔 Δt 的比值。从 ε_a=0.16～0.17，Δt 为 11s，峰的距离为 10.4pixel。由此计算得到的迁移速度为 8.48×10^{-5}m/s。

对于 10# 土样上测线 B[图 4-46(b)]，有关现象与测线 A 类似，如 ε_{vl} 的峰迁移现象和 ε_{vl} 由膨胀到压缩若干次反复现象。当 ε_a=0.01 时，在 s=100.4pixel 处可观察到 1 个全局峰；当 ε_a=0.14 和 0.15 时，全局峰分别位于 s=92.3pixel 和 s=88pixel 处。所以，全局峰发生了由右向左的迁移。当 ε_a=0.01～0.08 时，会发现 ε_{vl} 由膨胀到压缩若干次反复的现象，例如，当 ε_a=0.01～0.06 时，在 s=23pixel 附近共出现了 2 次反复，即当 ε_a=0.01～0.03 时和当 ε_a=0.03～0.06 时各出现 1 次。当 ε_a=0.10～0.17 时，随着 ε_a 的增大，测线上各位置均不断膨胀，$\bar{X}(\varepsilon_{vl})$ 从稍小于零快速增加至约 0.25[图 4-49(c)]；$S(\varepsilon_{vl})$ 从稍大于 0.02 快速增加至约 0.08[图 4-49(d)]。

对于 19# 土样(图 4-47)，当 ε_a=0.01～0.06 时，测线 C 上 ε_{vl} 出现了由膨胀到压缩若干次反复的现象，例如，当 ε_a=0.01～0.04 时，在 s=98.3pixel 附近出现了 1 次反复，当 ε_a=0.02～0.05 时，在 s=60.8pixel 附近出现了 1 次反复。当 ε_a=0.06～0.16 时，随着 ε_a 增大，测线 C 上绝大部分位置均不断膨胀，$\bar{X}(\varepsilon_{vl})$ 从稍小于零快速增加至约 0.15[图 4-50(a)]；$S(\varepsilon_{vl})$ 从稍大于 0.01 快速增加至约 0.05[图 4-50(b)]。

对于 24# 土样(图 4-48)，在测线 D 上可以观察到 ε_{vl} 峰迁移的现象和 ε_{vl} 由压缩到膨胀若干次反复的现象。当 ε_a=0.01 时，在 s=59pixel 处可观察到全局峰，此后，随着 ε_a 增大，全局峰发生了较大的迁移(由 s=59pixel 处迁移至 s=39.4pixel 处)。当 ε_a=0.13～0.14 时、当 ε_a=0.14～0.16 时、当 ε_a=0.16～0.18 时及当 ε_a=0.18～0.19

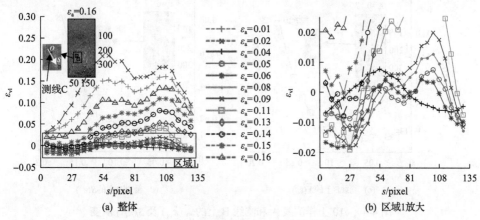

图 4-47　$19^{\#}$ 土样测线 C 上 ε_{vl} 的分布及演变

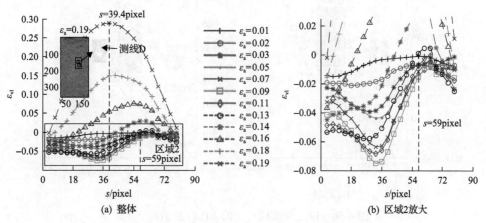

图 4-48　$24^{\#}$ 土样测线 D 上 ε_{vl} 的分布及演变

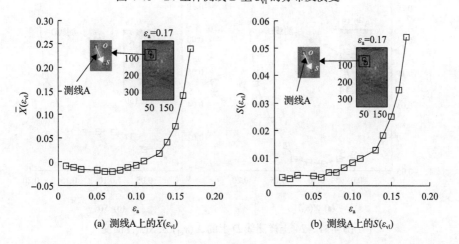

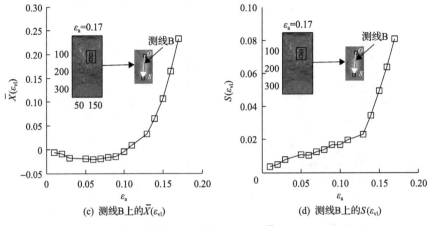

(c) 测线B上的$\bar{X}(\varepsilon_{vl})$　　　　　　　　(d) 测线B上的$S(\varepsilon_{vl})$

图 4-49　10#土样测线 A 和测线 B 上的 $\bar{X}(\varepsilon_{vl})$ 及 $S(\varepsilon_{vl})$ 演变

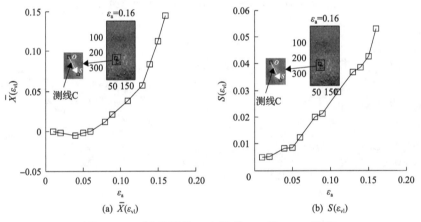

(a) $\bar{X}(\varepsilon_{vl})$　　　　　　　　　(b) $S(\varepsilon_{vl})$

图 4-50　19#土样测线 C 上的 $\bar{X}(\varepsilon_{vl})$ 及 $S(\varepsilon_{vl})$ 演变

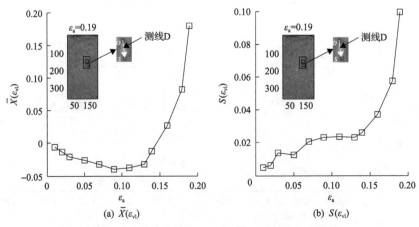

(a) $\bar{X}(\varepsilon_{vl})$　　　　　　　　　(b) $S(\varepsilon_{vl})$

图 4-51　24#土样测线 D 上的 $\bar{X}(\varepsilon_{vl})$ 及 $S(\varepsilon_{vl})$ 演变

时,迁移速度分别为 7.01×10^{-5} m/s、3.77×10^{-5} m/s、7.45×10^{-5} m/s 及 4.06×10^{-5} m/s。当 ε_a=0.01~0.11 时,测线 D 上出现了 ε_{vl} 由膨胀到压缩若干次反复的现象,例如,在 s=64.4pixel 附近出现了两次反复,在此过程中,$S(\varepsilon_{vl})$ 并非单调增加。当 ε_a=0.05 时,$S(\varepsilon_{vl})$ 出现了小幅下降,之后缓慢增加。当 ε_a=0.13~0.19 时,随着 ε_a 增大,测线 D 上各位置均不断膨胀,$\bar{X}(\varepsilon_{vl})$ 从稍小于零快速增加至约 0.18[图 4-51(a)];$S(\varepsilon_{vl})$ 从稍大于 0.02 快速增加至约 0.1[图 4-51(b)]。

表 4-5 给出了以测线整体和局部位置作为评价标准时局部体积膨胀时的 ε_a。若以测线 A~D 整体[即以 $\bar{X}(\varepsilon_{vl})$ 出现大于零]作为评价标准,则局部体积膨胀(和原始体积相比)分别发生在 $\varepsilon_a = 0.10$、0.10、0.06 及 0.14 时,然而,若以测线 A~D 上局部位置作为评价标准,则局部体积膨胀(和过去体积相比)发生要早,分别在 $\varepsilon_a = 0.07$、0.06、0.04 及 0.09 时。对比图 4-41 可以发现,无论以何种评价标准,局部体积膨胀均位于应变硬化阶段。

表 4-5　不同评价标准时局部体积膨胀时的 ε_a

编号	测线	以局部位置作为评价标准	以测线整体作为评价标准
10#	A	0.07	0.10
	B	0.06	0.10
19#	C	0.04	0.06
24#	D	0.09	0.14

4.6.4　测线上的局部扩容角

利用式(4-5)和式(4-6)计算剪切带某些位置的扩容角(局部扩容角)ψ(Vermeer and De Borst, 1984):

$$\psi = \arcsin \frac{\tan \theta_0}{2 + \tan \theta_0} \qquad (4\text{-}5)$$

$$\tan \theta = -\frac{\Delta \varepsilon_v}{\Delta \varepsilon_1} \qquad (4\text{-}6)$$

式中,θ_0 表示剪胀角;$\Delta \varepsilon_v$ 取两个相邻时刻测线上 $\bar{X}(\varepsilon_{vl})$ 的增量 $\Delta \bar{X}(\varepsilon_{vl})$;$\Delta \varepsilon_1$ 取两个相邻时刻土样纵向应变的增量 $\Delta \varepsilon_a$。

图 4-52 给出了根据狭长剪切带位置布置的 4 条测线(用于研究局部扩容角的平均值)的位置。表 4-6 给出了 4 条测线上 ψ 的具体范围,其中,在 $\bar{X}(\varepsilon_{vl})$ 为正时才计算 ψ。计算表明,随着 ε_a 增大,ψ 在 13.47°~56.26° 快速增加;在变形后期,ψ(38.02°~56.26°)大于常规意义下的扩容角,最大不超过 20°(Vardoulakis, 1980;

Vermeer and De Borst，1984）。应当指出，这是将测线布置在较高的 ε_{vl} 区域（呈短条带形）上的结果，代表着 ψ 的最大值。若将测线布置在狭长的剪切带上，且在其切线上所获得的是平均值。下面，将给出这些结果。

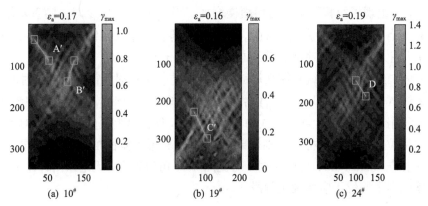

图 4-52　土样微裂纹出现时 γ_{max} 及测线 A′～D′ 的位置（根据狭长剪切带确定）

4 条测线 A′～D′（图 4-52）分别分布在原测线 A～D 附近。测线 A′～D′ 的长度变为原来的 3 倍左右。表 4-6 给出了 4 条测线上 ψ 平均值的具体范围。在变形后期，ψ 平均值（27.26°～45.79°）比最大值（38.02°～56.26°）（表 4-7）小 10°左右，但同样高于常规意义上的扩容角。

表 4-6　测线上 ψ 平均值变化范围

编号	测线	ψ 平均值变化范围
10#	A′	16.60°～41.33°
	B′	28.89°～45.78°
19#	C′	17.49°～27.26°
24#	D′	23.85°～45.79°

表 4-7　测线上最大 ψ 变化范围

编号	测线	最大 ψ 变化范围
10#	A′	17.20°～56.26°
	B′	22.08°～50.50°
19#	C′	13.47°～38.02°
24#	D′	29.65°～56.04°

在土样整体表现为压缩（整体未扩容）的前提下，通过常规意义上的扩容角难以解释客观发生的局部体积膨胀现象。因此，若将常规意义上的扩容角用于剪切带变形行为的模拟，将严重低估剪切带的体积变形。

4.7 剪切带损伤测量

4.7.1 损伤变量的计算方法

采用损伤变量 $\bar{D}$ 描述土样整体及各条剪切带的损伤演变规律，其表达式如下：

$$\bar{D} = \frac{D(\gamma_{\max})}{D_{\max}} \tag{4-7}$$

$$D(\gamma_{\max}) = \sqrt{\frac{1}{n-1}\sum_{i=1}^{n}(\gamma_{\max}^{i} - \bar{X}(\gamma_{\max}))} \tag{4-8}$$

式中，$D(\gamma_{\max})$ 表示 $\gamma_{\max}$ 的统计量；n 表示数据点个数；$\gamma_{\max}^{i}$ 表示第 i 个数据点的 $\gamma_{\max}$；$D_{\max}$ 表示 $D(\gamma_{\max})$ 的最大值。式(4-7)、式(4-8)与宋海鹏(2013)中的公式类似，只是将等效应变替换成了 $\gamma_{\max}$。

本节主要关注剪切带的损伤演变规律。根据土样微裂纹刚出现时清晰剪切带所处位置布置切向测线。测线位置一旦确定，在剪切带出现之前及其发展过程中这些位置的 $\bar{D}$ 也容易确定。

4.7.2 剪切带切向测线布置

$10^{\#}$、$19^{\#}$ 和 $24^{\#}$ 土样微裂纹出现(最后 1 个时刻)及之前 $\gamma_{\max}$ 的分布分别在图 4-19、图 4-21 和图 4-22 中给出。图 4-53～图 4-55 分别给出了 $10^{\#}$、$19^{\#}$ 及 $24^{\#}$ 土样最后 1 个时刻 $\gamma_{\max}$ 的分布及 8 条测线(A～H)的分布位置。

下面，以 $10^{\#}$ 土样为例[图 4-19(a)～(f)]，简略阐明 $\gamma_{\max}$ 的分布及演变：随着 ε_{a} 增大，$\gamma_{\max}$ 由斑点状或块状分布变成网状分布，剪切带网状格局越来越清晰，

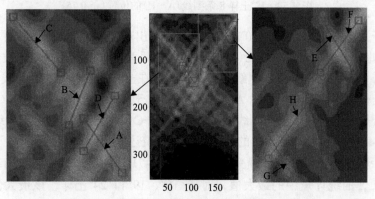

图 4-53 $10^{\#}$ 土样 8 条测线(A～H)的位置(ε_{a}=0.16)

剪切带有变陡和变窄的趋势。

对于 $10^{\#}$ 土样，根据 $\varepsilon_a = 0.16$ 时（微裂纹刚出现）γ_{max} 的分布共布置 8 条测线 A～H。此时，剪切带［图 4-19（f）］和过去相比最为清晰。各条测线均被布置在清晰剪切带切向上（图 4-53）。测线 A～D 被布置在土样的左上部，测线 E～H 被布置在土样的右上部。测线 A 和 C 基本位于一条直线上，即位于一簇剪切带上，而测线 B 和 D 基本平行，与测线 A 和 C 共轭，位于另一簇剪切带上；测线 E 和 F 交叉，测线 G 和 H 也交叉，测线 F 和 H 基本位于同一条直线上，位于一簇剪切带上，而测线 E 和 G 位于另一簇剪切带上。

对于 $19^{\#}$ 土样，根据 $\varepsilon_a = 0.15$ 时（微裂纹刚出现）γ_{max} 的分布共布置 8 条测线 A～H。此时，剪切带［图 4-21（f）］和过去相比最为清晰，各条测线均被布置在清晰剪切带切向上（图 4-54）。测线 A～D 被布置在土样的左下部，测线 E～H 被布置在土样的右下部。测线 A、C 和 D 基本平行，即位于一簇剪切带上，测线 B 位于另一簇剪切带上，测线 A、C 和 D 分别位于测线 B 的两侧；测线 F 和 H 基本平行，测线 F 和 G 基本位于同一条直线上，3 条测线基本位于一簇剪切带上，而测线 E 位于另一簇剪切带上。

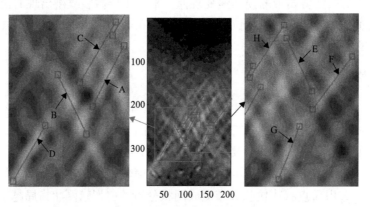

图 4-54　$19^{\#}$ 土样 8 条测线（A～H）的位置（ε_a=0.15）

对于 $24^{\#}$ 土样，根据 $\varepsilon_a = 0.19$ 时（微裂纹刚出现）γ_{max} 的分布共布置 8 条测线 A～H。此时，剪切带［图 4-22（f）］和过去相比最为清晰，各条测线均被布置在清晰剪切带切向上（图 4-55）。测线 A～D 被布置在土样的中部偏左，测线 E～H 被布置在土样的中部偏右。测线 A 和 B 平行，位于一簇剪切带上，测线 C 和 D 平行，位于另一簇剪切带上，测线 A 和 B 与测线 C 和 D 共轭，且位于测线 C 和 D 之间（图 4-55）。剪切带 E～H 的分布规律不再赘述。

在计算各条剪切带 $\bar{D}$ 的演变规律时，式（4-7）中的 D_{max} 取微裂纹出现时各条测线上 γ_{max} 的统计量中的最大值，对于 $10^{\#}$、$19^{\#}$ 和 $24^{\#}$ 土样，该最大值分别为 0.1264（剪切带 E）、0.0911（剪切带 A）和 0.1014（剪切带 A）。在计算 $10^{\#}$、$19^{\#}$ 和 $24^{\#}$

土样整体的 $\bar{D}$ 的演变规律时，式(4-7)中的 $D_{\max}$ 取微裂纹出现时 $\gamma_{\max}$ 的统计量。为了表述方便，将测线 A～H 上的统计结果简称为剪切带 A～H 的结果。

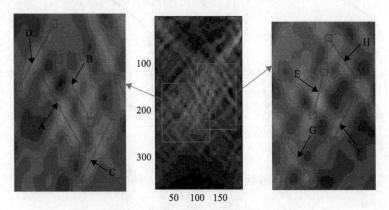

图 4-55　$24^{\#}$土样 8 条测线(A～H)的位置(ε_a=0.19)

4.7.3　剪切带和土样整体的损伤变量的演变

图 4-56～图 4-58 分别给出了不同 ε_a 时 $10^{\#}$、$19^{\#}$和 $24^{\#}$土样整体和上述共计 24 条剪切带的 $\bar{D}$ 的演变及三者的 σ_a-ε_a 曲线。应当指出，上述 σ_a-ε_a 曲线仅是全程曲线的前一部分。当土样中一些剪切带发展成剪切裂纹后，σ_a-ε_a 曲线会呈现微弱的应变软化现象。

由图 4-56～图 4-58 可以发现，3 个土样的 σ_a-ε_a 曲线经历了以下两个阶段：近似线性阶段和硬化阶段。在硬化阶段的初期，σ_a-ε_a 曲线的非线性较强；随后，该曲线基本呈线性，持续较长的时间，这一阶段也称为线性硬化阶段；此后，该曲线又呈一定的非线性。对比 $\gamma_{\max}$ 的分布规律(图 4-19、图 4-30 和图 4-34)和上述

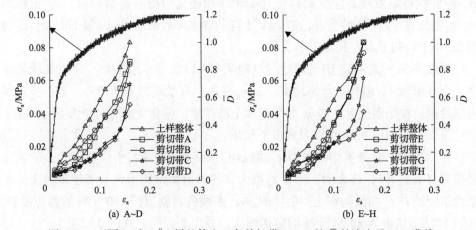

图 4-56　不同 ε_a 时 $10^{\#}$土样整体和 8 条剪切带 A～H 的 $\bar{D}$ 的演变及 σ_a-ε_a 曲线

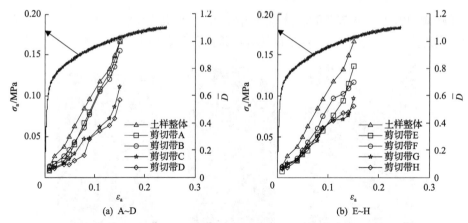

图 4-57 不同 ε_a 时 19# 土样整体和 8 条剪切带 A～H 的 $\bar{D}$ 的演变及 σ_a-ε_a 曲线

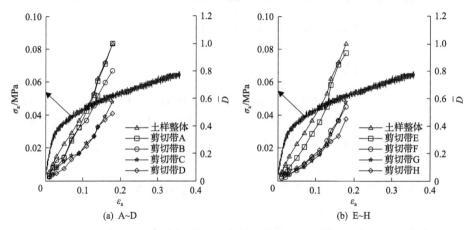

图 4-58 不同 ε_a 时 24# 土样整体和 8 条剪切带 A～H 的 $\bar{D}$ 的演变及 σ_a-ε_a 曲线

σ_a-ε_a 曲线可以发现，应变局部化开始于线性硬化阶段的初始阶段。19# 土样的 σ_a-ε_a 曲线在 10# 土样的上方，这与 19# 土样的含水率较低有关。24# 土样的 σ_a-ε_a 曲线在 10# 土样的下方，其含水率最高。

由图 4-56～图 4-58 中土样整体 $\bar{D}$ 的演变可以发现，总体上，$\bar{D}$-ε_a 曲线呈线性，由 0 增至 1。但是，严格地讲，$\bar{D}$-ε_a 曲线具有微弱的上凹趋势。进一步观察可以发现，在个别位置，$\bar{D}$-ε_a 曲线存在上凸现象，但在大部分位置都是上凹的。

由图 4-56～图 4-58 可以发现以下规律。

(1) 总体上，各条剪切带的 $\bar{D}$-ε_a 曲线均上凹(上述现象与土样整体的 $\bar{D}$ 的演变规律有显著差异)，这表明，随着 ε_a 增大，各条剪切带的损伤发展越来越快；各条剪切带的 $\bar{D}$-ε_a 曲线均在土样整体的 $\bar{D}$-ε_a 曲线的右侧。对于 10# 土样的剪切带 E、19# 土样的剪切带 A 和 24# 土样的剪切带 A，$\bar{D}$ 以非线性方式由 0 增至 1，三者与

土样整体的 $\bar{D}$-ε_a 曲线更为接近, 特别是当 ε_a 较大时。

(2) 各条剪切带的 $\bar{D}$-ε_a 曲线的轮廓线呈先窄后宽的马尾形, 即当 ε_a 较小时(对于 10#、19#和 24#土样, $\varepsilon_a \leqslant 0.05$), 各条剪切带的 $\bar{D}$ 的演变相差不大, 而当($\varepsilon_a >$ 0.05)较大时, 各条剪切带的 $\bar{D}$ 的演变相差明显。

各条剪切带的 $\bar{D}$ 的演变相差不大的阶段对应于线性硬化阶段初期及之前。在这一阶段, 剪切带尚未发育或刚刚发育, 所以各条剪切带的相互影响和作用比较微弱。各条剪切带的 $\bar{D}$ 的演变相差明显的阶段对应于线性硬化阶段中后期及之后。在这一阶段, 剪切带逐渐得到充分发育, 所以各条剪切带的相互影响和作用较为强烈, 由此将导致各条剪切带的 $\bar{D}$ 的演变差别明显(有的剪切带的损伤发展受到抑制, 而有的剪切带的损伤发展得到促进, 因而表现出差异)。

(3) 从各条剪切带的 $\bar{D}$ 的演变可以发现剪切带复杂的相互影响和作用。

10#土样的剪切带 A、剪切带 D 相互交叉(必然共轭)(图 4-53)。由图 4-56(a)可以发现, 当 $\varepsilon_a \geqslant 0.05$ 时, 剪切带 A 的 $\bar{D}$ 一直大于剪切带 D; 当 $0.05 \leqslant \varepsilon_a \leqslant 0.13$ 时, 剪切带 D 的 $\bar{D}$ 增加的速度(与 $\bar{D}$-ε_a 曲线的斜率成比例)小于剪切带 A, 这或许是由于剪切带 A 对剪切带 D 的抑制作用, 从而导致剪切带 D 的 $\bar{D}$ 不以平滑方式上升, 而以曲折方式上升; 此后, 剪切带 D 的 $\bar{D}$ 增加速度逐渐提高, 最终与剪切带 A 接近。当 $\varepsilon_a = 0.16$ 时, 剪切带 A 和剪切带 D 的 $\bar{D}$ 分别达到 0.86 和 0.55。

10#土样的剪切带 A 和剪切带 B 共轭(尚未交叉)(图 4-22)。由图 4-56(a)可以发现, 当 $0.05 \leqslant \varepsilon_a \leqslant 0.10$ 时, 剪切带 B 的 $\bar{D}$ 大于剪切带 A, 但剪切带 A 的 $\bar{D}$ 的增加速度较快; 当 $0.10 \leqslant \varepsilon_a \leqslant 0.14$ 时, 剪切带 A 的 $\bar{D}$ 反超剪切带 B; 当 $\varepsilon_a = 0.16$ 时, 剪切带 B 的 $\bar{D}$ 达到 0.84。上述结果表明, 共轭剪切带 A 和剪切带 B 之间存在相互竞争。

10#土样的剪切带 B 和剪切带 D 基本平行(图 4-53)。二者的 $\bar{D}$ 的变化基本同步, $\bar{D}$ 的速度同增同降(图 4-56)。例如, 当 $0.10 \leqslant \varepsilon_a \leqslant 0.11$ 时, 与过去相比, 两条剪切带的 $\bar{D}$ 的增加速度均有所提高; 当 $0.11 \leqslant \varepsilon_a \leqslant 0.12$ 时, 与过去相比, 两条剪切带的 $\bar{D}$ 的增加速度均有所降低; 当 $\varepsilon_a \geqslant 0.12$ 时, 与过去相比, 两条剪切带的 $\bar{D}$ 的增加速度均快速增加。由于剪切带 D 附近仅有剪切带 A 和剪切带 B, 并且剪切带 B 和剪切带 D 的 $\bar{D}$ 的变化又基本同步, 所以剪切带 D 受到的抑制作用是由与之交叉的剪切带 A 造成的。

10#土样的剪切带 A 和剪切带 C 基本位于同一条直线上(即共线)(图 4-53)。二者的 $\bar{D}$ 的变化基本同步[图 4-56(a)]。例如, 当 $0.07 \leqslant \varepsilon_a \leqslant 0.11$ 和 $\varepsilon_a \geqslant 0.13$ 时, 与过去相比, 两条剪切带的 $\bar{D}$ 增加速度均有所提高; 当 $0.11 \leqslant \varepsilon_a \leqslant 0.13$ 时, 与过去相比, 两条剪切带的 $\bar{D}$ 的增加速度均有所降低, 这应与这两条剪切带共线有关。当 $\varepsilon_a = 0.16$ 时, 剪切带 C 的 $\bar{D}$ 达到 0.70。

10#土样的剪切带 E 和剪切带 F 彼此交叉(必然共轭)(图 4-53)。图 4-56(b)表明它们存在相互竞争:当 $0.05 \leqslant \varepsilon_a \leqslant 0.13$ 时,剪切带 F 的 $\overline{D}$ 大于剪切带 E,但剪切带 E 的 $\overline{D}$ 的增加速度较快;当 $0.13 \leqslant \varepsilon_a \leqslant 0.16$ 时,剪切带 E 的 $\overline{D}$ 反超剪切带 F。当 $\varepsilon_a = 0.16$ 时,剪切带 E 和剪切带 F 的 $\overline{D}$ 分别达到 1 和 0.92。类似地,彼此交叉的剪切带 G 和剪切带 H 也存在相互竞争关系。当 $\varepsilon_a = 0.16$ 时,剪切带 G 和剪切带 H 的 $\overline{D}$ 分别达到 0.74 和 0.50。

10#土样的剪切带 F 和剪切带 H 尽管基本共线(图 4-53)。当 ε_a 较小时,未发现二者的 $\overline{D}$ 的变化同步,而当 ε_a 较大时,二者的 $\overline{D}$ 的变化同步,这应与剪切带得到了充分发育有关。这一现象在剪切带 E 和剪切带 G(相互平行)上也能发现。

19#土样位于同一簇的剪切带 A、C 和 D(图 4-54),在得到了充分发育之后,$\overline{D}$ 的变化基本同步[图 4-57(a)]。对于共轭剪切带 A 和剪切带 B,当 $0.05 \leqslant \varepsilon_a \leqslant 0.07$ 时,剪切带 B 的 $\overline{D}$ 大于剪切带 A;此后,则不然。这表明,二者存在一定的竞争。对于共轭剪切带 B 和剪切带 C,当 $0.05 \leqslant \varepsilon_a \leqslant 0.11$ 时,二者的 $\overline{D}$ 的变化步调相反,$\overline{D}$ 的速度一增一降(若一条带的 $\overline{D}$ 的增加速度快,则另一条带的速度慢),这反映了两条带的相互竞争和抑制。但是,当 $0.11 \leqslant \varepsilon_a \leqslant 0.15$ 时,二者的 $\overline{D}$ 的变化同步,$\overline{D}$ 的速度同增同降,上述竞争和抑制作用变得微弱甚至消失。当 $\varepsilon_a = 0.15$ 时,剪切带 A~D 的 $\overline{D}$ 分别达到 1、0.93、0.67 和 0.57。

19#土样的共轭剪切带 F 和剪切带 G 的 $\overline{D}$ 的变化同步[图 4-57(b)]。然而,从剪切带 F 和剪切带 H 的 $\overline{D}$ 的演变中未观察到同步性,这应与二者的距离较远有关。对于共轭剪切带 E 和剪切带 H,当 $0.05 \leqslant \varepsilon_a \leqslant 0.08$ 时,剪切带 E 的 $\overline{D}$ 多次反超剪切带 H。但是,当 $\varepsilon_a \geqslant 0.08$ 时,二者的 $\overline{D}$ 的变化步调相反,这反映了两条带的相互竞争和抑制。当 $\varepsilon_a = 0.15$ 时,剪切带 E~H 的 $\overline{D}$ 分别达到 0.82、0.70、0.58 和 0.53。

对于 24#土样,剪切带 A 和剪切带 B 位于同一簇(图 4-55)。当 $0.05 \leqslant \varepsilon_a \leqslant 0.18$ 时,二者的 $\overline{D}$ 的变化基本同步[图 4-58(a)],对于位于另一簇的剪切带 C 和剪切带 D,亦是如此。$\overline{D}$ 的变化步调相反的情形亦有发生,但十分少见,例如,对于剪切带 A 和剪切带 B,当 $0.09 \leqslant \varepsilon_a \leqslant 0.11$ 时,二者的 $\overline{D}$ 的变化步调相反;对于剪切带 C 和剪切带 D,当 $0.11 \leqslant \varepsilon_a \leqslant 0.13$ 时,二者的 $\overline{D}$ 的变化步调相反。对于共轭剪切带 A 和剪切带 C、剪切带 A 和剪切带 D、剪切带 B 和剪切带 C、剪切带 B 和剪切带 D,亦可发现上述类似现象,例如,对于剪切带 A 和剪切带 C,当 $0.05 \leqslant \varepsilon_a \leqslant 0.18$ 时,二者的 $\overline{D}$ 的变化基本同步,仅当 $0.11 \leqslant \varepsilon_a \leqslant 0.13$ 时,二者的 $\overline{D}$ 的变化步调相反。当 $\varepsilon_a = 0.18$ 时,剪切带 A~D 的 $\overline{D}$ 分别达到 1、0.80、0.57 和 0.49。

对于 24#土样的位于同一簇的剪切带 E 和剪切带 F、剪切带 G 和剪切带 H,以及共轭剪切带 E 和剪切带 G、剪切带 E 和剪切带 H、剪切带 F 和剪切带 G、剪切带 F 和剪切带 H，$\bar{D}$ 的变化基本同步[图 4-58(b)]。当 $\varepsilon_a = 0.18$ 时，剪切带 E～H 的 $\bar{D}$ 分别达到 0.93、0.54、0.58 和 0.45。

　　对于含水率较低的 10# 和 19# 土样，两簇共轭剪切带的任一簇(平行或共线剪切带)的 $\bar{D}$ 的变化基本同步，特别是在剪切带得到了充分发育之后，但两条平行剪切带的距离较大时则不然；对于共轭或交叉剪切带，在一定时期，某条剪切带的损伤占优，这与不位于同一簇的两条剪切带的相互竞争有关，但若两条剪切带达到了独立发展的程度(两条剪切带既不相互制约，也不相互促进)，则二者的 $\bar{D}$ 的变化可以同步(由总体应力场所决定)。对于含水率较高的 24# 土样，各条平行或共轭剪切带的 $\bar{D}$ 的变化基本同步，这与含水率较高有关，此时，剪切带遍布整个土样。

　　由此可以发现，含水率为 13.6%(19#土样)、14.7%(10#土样)与 17.2%(24#土样)的土样的剪切带的相互作用规律有所不同。当含水率较高时，剪切带遍布整个土样，剪切带的应变集中程度并不像含水率较低时那样强烈，即剪切带的相互作用比较微弱。这样，不位于同一簇的剪切带的 $\bar{D}$ 的同步变化(协同)是主流，而剪切带的相互抑制和竞争并不突出。

4.8　剪切带的几何特征

4.8.1　基于背景值方法的剪切带宽度

　　众所周知，剪切带是应变较集中区域，而剪切带外是应变较均匀区域。这样，若能获得带外区域的应变水平，则凡是应变水平高于该水平的区域，即可定义为剪切带。

　　基于上述考虑，提出了一种剪切带宽度 w 的测量方法，其主要思想如下：首先，获得剪切带外一定区域的 $\bar{X}(\gamma_{max})$；其次，获得剪切带法向测线上的 γ_{max} 分布；最后，在该测线上，将 γ_{max} 大于 $\bar{X}(\gamma_{max})$ 的范围作为 w 的实测值。为了获得较准确的 w，可考虑在剪切带法向上布置多条测线，将所有测线上的 w 的实测值的均值作为最终结果。在此方法中，$\bar{X}(\gamma_{max})$ 相当于剪切带外的"背景值"，所以，该方法被称为背景值方法。

　　这里，共对 10 个土样的 w 进行了测量。图 4-59 给出了土样的 σ_a-ε_a 曲线。由此可以发现，大部分土样经历了近似线性阶段和硬化阶段，少数土样经历了软化阶段。

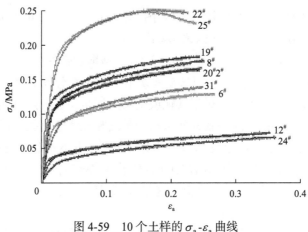

图 4-59　10 个土样的 σ_a-ε_a 曲线

采用基于 PSO 和 N-R 迭代的粗-细方法对土样的变形进行计算，形函数为二阶，利用中心差分方法获得应变。计算参数如下：子区尺寸=31pixel×31pixel，测点间隔=10pixel。根据土样微裂纹出现时 γ_{max} 的分布选择剪切带如图 4-60 所示。此时，在每个土样中，均存在多条清晰的剪切带。根据清晰剪切带位置确定测量区域。剪切带以土样名、下划线加数字的方式命名，例如，"2_1"代表 2# 土样中的第 1 条剪切带。图 4-60 中各子图下方和左方的数字分别表示各测点的列数和行数。

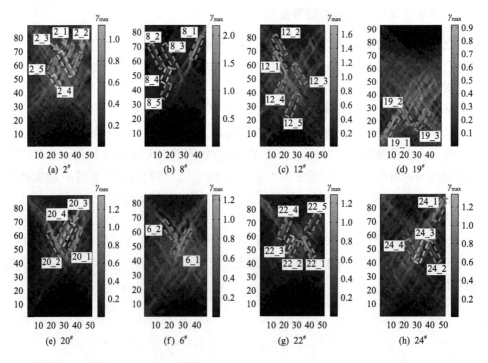

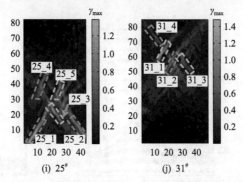

(i) 25#　　　　　　　　(j) 31#

图 4-60　根据 10 个土样 γ_{max} 分布选择的剪切带

　　在选择的清晰剪切带两侧布置两个矩形框。计算这两个矩形框内 γ_{max} 的背景值。在这两个矩形框及二者之间的区域布置剪切带的法向测线。以 8# 土样为例，矩形框的布置如图 4-61(a) 所示，从点 o 至点 p 的方向为测线方向，测线 op 上的点的位置用坐标 s' 表示。图 4-61(b) 给出了 $\varepsilon_a = 0.174$ 时背景值方法的 w 实测值。由图 4-61(b) 可以发现，背景值方法的 w 实测值为 42.3pixel（1pixel 约为 0.09mm）。

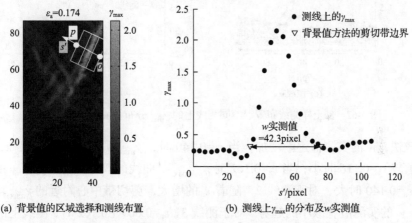

(a) 背景值的区域选择和测线布置　　　　(b) 测线上 γ_{max} 的分布及 w 实测值

图 4-61　背景值方法计算的 8# 土样的 w 实测值

　　考虑到 w 的实测值会随着位置及 ε_a 的变化而变化，仅通过布置 1 条测线难以准确测量 w。下面，仍以 8# 土样为例，通过布置 3 条测线来测量 w，其中，3 条测线的切向坐标用 s 表示，法向坐标用 s' 表示，测线 2 的 1 个端点 o' 为 s 轴和 s' 轴的交点，测线 1 和测线 2、测线 2 和测线 3 的间距均为 40pixel，如图 4-62(a) 所示。

　　图 4-62(b)～(e) 给出了 3 条测线上背景值方法计算的 w 实测值。由此可以发现，对于不同测线，w 的实测值随着 ε_a 的演变有所不同。对于测线 1，当 $\varepsilon_a = 0.045$～0.116 时，测线上的 γ_{max} 均有所增加，且剪切带中心附近（测线中部）的 γ_{max}

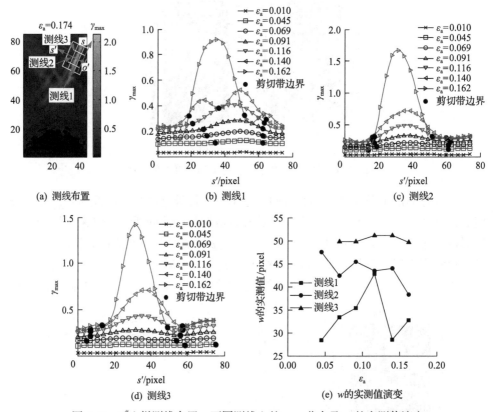

图 4-62　8#土样测线布置、不同测线上的 γ_{max} 分布及 w 的实测值演变

增加较快，w 的实测值逐渐增加；当 $\varepsilon_a=0.140$ 时，γ_{max}-s' 曲线出现了双峰，w 的实测值较 $\varepsilon_a=0.116$ 时小；当 $\varepsilon_a=0.162$ 时，γ_{max}-s' 曲线的双峰变为单峰，w 的实测值较 $\varepsilon_a=0.140$ 时大。对于测线 2，随着 ε_a 的增大，剪切带中心附近的 γ_{max} 增加得较快，w 的实测值有减小的趋势。对于测线 3，$\varepsilon_a=0.069\sim0.162$ 时，测线上的 γ_{max} 增加得均较快，w 的实测值基本不变。

上述结果表明，当测线位置不同时，w 的实测值有一定差异。因此，为了准确获得 w 的实测值，应布置多条测线，对不同测线上的 w 的实测值取平均值。

图 4-63 给出了图 4-60 中 w 的实测值随着 ε_a 的演变规律。由此可以发现，w 的实测值与 ε_a 之间的关系可分为 4 种：第一种，随着 ε_a 增大，w 的实测值基本不变[图 4-63（a）]；第二种，随着 ε_a 增大，w 的实测值呈减小的趋势[图 4-63（b）]；第三种，随着 ε_a 增大，w 的实测值呈增大的趋势[图 4-63（c）]；第四种，随着 ε_a 增大，w 的实测值变化不确定[图 4-63（d）]。相比之下，第三、四种所占的比例较大。

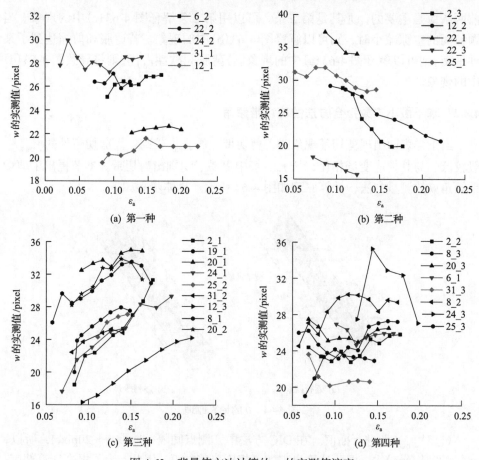

图 4-63　背景值方法计算的 w 的实测值演变

由图 4-63 可以发现，w 的实测值范围为 15～38pixel（1.35～3.42mm），w 的实测值变化量最大的为剪切带 2_1，为 13pixel（1.17mm）；w 的实测值变化量最小的为剪切带 24_2，为 1pixel（0.09mm）。

一直以来，w 被认为仅依赖于介质的内部长度（Pamin and De Borst，1995；王学滨，2009），是一个定值，这是基于梯度塑性理论的认识。大量实验结果表明，w 与平均粒径有关（Bažant and Pijaudier-Cabot，1989；Vardoulakis and Aifantis，1991；Roscoe，1970；Bardet and Proube，1992；Wong，2000），但受诸多因素影响。有关的理论分析表明，剪胀会引起 w 的增加（Wang et al.，2004）。除了剪切带之间的相互影响外，w 的变化主要取决于剪胀和剪缩的博弈。剪胀的机理主要包括以下几个方面（王学滨等，2014；Cherry et al.，1975；Gerbault et al.，1998）：裂隙的扩张效应超过闭合效应；在应力作用下颗粒间相对位置发生变化，增加了颗粒间的空隙；滑动块体在凹凸表面上抬升。对于目前的土的剪切带而言，前两条应是主要的，尤其是第二条。可以用第二条解释图 4-63(c)中的现象。当颗粒间的空隙减小时，则可以解释图 4-63(b)中的现象。若剪胀和剪缩达到了某种平衡，则可以解释图 4-63(a)中的现象。若剪胀间歇性占优，则将导致图 4-63(d)中的现象。

4.8.2 基于最小二乘拟合方法的剪切带倾角

当土样表面出现剪切带现象时，剪切带上的 γ_{max} 较高，而剪切带外的 γ_{max} 一般较低。与其他应变场相比，从 γ_{max} 场中更易于识别出剪切带。本节提出了剪切带倾角 θ 的测量方法，计算原理如图 4-64 所示。具体步骤如下。

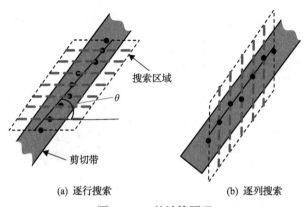

(a) 逐行搜索 　　　　　　　　　(b) 逐列搜索

图 4-64　θ 的计算原理

(1)对 γ_{max} 场进行插值。在 DIC 方法中，测点间隔一般取 5～20pixel，所以，γ_{max} 的数据量较少，据此计算出来的 θ 精度可能较低。因此，为了提高计算精度，有必要对 γ_{max} 场进行插值。这里，插值函数选取为光滑性较好的双三次样条函数。将插值后的测点数量与原始测点数量之比记为系数 q_0。

(2)逐行或逐列搜索获得 γ_{max} 最大值对应的坐标。首先，选择包含剪切带的四边形搜索区域(图 4-64)；其次，在该区域内逐行或逐列搜索 γ_{max} 的最大值，获得其坐标(标记为圆点)。在图 4-64 中，灰色部分代表 γ_{max} 的高值区。

(3)对上述坐标进行线性最小二乘拟合得到 θ。拟合后的直线与水平方向所夹的锐角即 θ。为了便于分析，坐标采用行数和列数表示，而不必采用像素坐标或真实坐标表示。

与采用量角器测量等人工测量方法相比，该方法有以下优点：①自动化程度高，减少了人为因素的影响；②可以测量剪切带发展过程中任意阶段的 θ。

限于篇幅，仅选择了 12 个土样进行分析。图 4-65 给出了土样的 σ_a-ε_a 曲线。由此可以发现，大部分土样经历了近似线性阶段和硬化阶段，少数土样经历了软化阶段；在含水率相近时，土样的 σ_a-ε_a 曲线存在相似性。

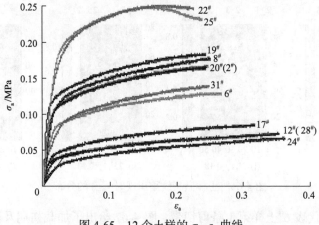

图 4-65　12 个土样的 σ_a-ε_a 曲线

　　利用第 2 章提出的基于 PSO 和 N-R 迭代的粗-细方法对土样的应变场进行计算，形函数为一阶，利用中心差分方法获得应变。计算参数如下：子区尺寸=31pixel×31pixel，测点间距=10pixel，测点数量约为 80×40。图 4-66 给出了土样微裂纹刚出现时的 γ_{max} 场，其中，各子图下方和左方的数字分别表示各测点的列数和行数。由此可以发现，γ_{max} 的高值区呈条带状或网状，这表明土样表面出现了一条或多条剪切带。对于每一个土样，选择 1～3 条明显的剪切带，共有 24 条剪切带。每条剪切带均用虚线框圈出，以土样名、下划线加数字的方式命名，

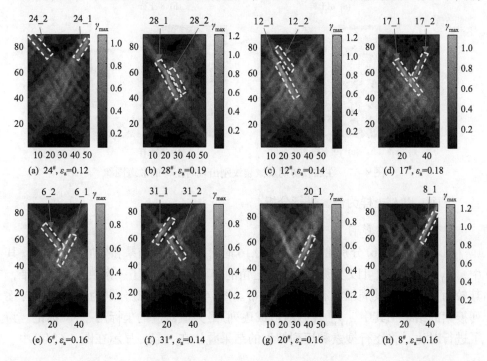

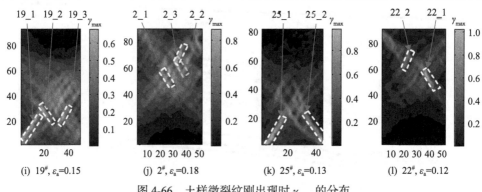

(i) $19^{\#}$, $\varepsilon_a=0.15$　(j) $2^{\#}$, $\varepsilon_a=0.18$　(k) $25^{\#}$, $\varepsilon_a=0.13$　(l) $22^{\#}$, $\varepsilon_a=0.12$

图 4-66　土样微裂纹刚出现时 γ_{max} 的分布

例如，"6_1"代表 $6^{\#}$ 土样第 1 条剪切带。图 4-67 给出了加载初期及微裂纹刚出现时土样的散斑图。

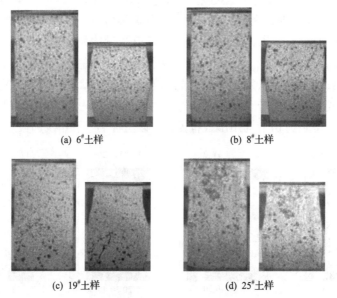

(a) $6^{\#}$土样　　(b) $8^{\#}$土样

(c) $19^{\#}$土样　　(d) $25^{\#}$土样

图 4-67　在加载初期及微裂纹刚出现时土样的散斑图像

下面，以 $8^{\#}$ 土样为例，进行分析。

1）搜索方向的影响

图 4-68(a)、(b)分别给出了当 $\varepsilon_a=0.16$ 时 γ_{max} 的原始结果和插值后的结果，其中，$q_0=4$。由此可以发现，土样右上角的矩形区域出现了一条狭长的剪切带，其较为平直，且其周围没有其他剪切带。图 4-68(c)、(d)分别为逐行搜索与逐列搜索的结果，其中，γ_{max} 的逐行(或逐列)最大值对应的坐标用"+"标记。为了进行对比，将逐行搜索和逐列搜索的结果叠放在一起，显示在图 4-68(e)中。

图 4-68(e)给出了利用两种搜索方法获得的 γ_{max} 的逐行和逐列最大值对应的坐标。

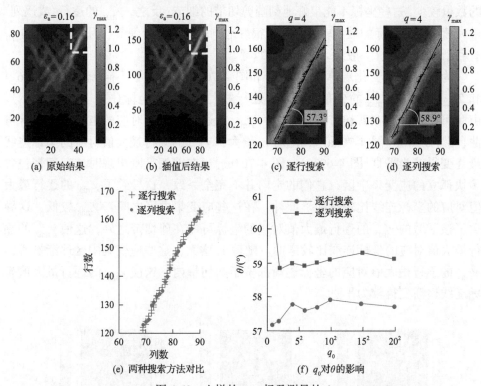

(a) 原始结果　　(b) 插值后结果　　(c) 逐行搜索　　(d) 逐列搜索

(e) 两种搜索方法对比　　　　(f) q_0 对 θ 的影响

图 4-68　土样的 γ_{max} 场及测量的 θ

由图 4-68(c)、(d)可以发现，两种搜索的拟合直线均较好地反映剪切带的走向，然而，θ 存在一定的差异，分别为 57.3° 和 58.9°。由图 4-68(e)可以发现，两种搜索的 γ_{max} 的最大值对应的坐标有一定差异：逐行搜索的相邻坐标在水平方向上相差 0~1 行，逐列搜索的相邻坐标在垂直方向上某些位置相差较大。

由于土样 θ 大于 45°，在以剪切带中心线为对角线的矩形区域内，数据点的行数大于列数，所以，逐行搜索的 γ_{max} 的最大值对应的坐标数量大于逐列搜索的坐标数量。所以，逐行搜索的 θ 应该较准确。

2）插值点数量的影响

图 4-68(f)给出了 q_0 在 1~400 范围内，逐行搜索和逐列搜索的 θ。当原始测点的间距与插值后测点的间距之比为 q 时，插值后测点数量为原来的 q^2 倍，即 $q_0 = q^2$。在图 4-68(f)中，q 取 1~20。

可以发现，当 $q_0 = 1$ 时，即采用原始数据时，两种搜索的 θ 分别为 57.2°（逐行搜索）和 60.7°（逐列搜索法），相差 3.5°；当系数 $q_0 \geq 16$ 时，两种搜索的 θ 的差异较小。

当 q_0 较小时，γ_{max} 场的数据点较少，γ_{max} 的逐行（或逐列）最大值对应的坐标的数量较少，这些坐标不能很好地刻画剪切带的细节；反之，γ_{max} 的逐行（或逐列）最大值对应的坐标的数量较多，可以很好地刻画剪切带的细节。因此，较大的 q_0 有利于 θ 的测量。一般地，q_0 取 16 即可。

为了解 θ 的变化规律，图 4-69 和图 4-70 分别给出了不同 ε_a 时剪切带 6_1 和 25_1 附近的 γ_{max} 的分布及 γ_{max} 的逐行最大值对应的坐标（图中用"+"表示）。由此可以发现，在剪切带刚出现时，γ_{max} 的逐行最大值对应的坐标连线非常弯曲［图 4-69(a)、图 4-70(a)］；随着 ε_a 增大，γ_{max} 的逐行最大值对应的坐标连线最终变得较为平直［图 4-69(e)、图 4-70(e)］。在剪切带刚出现时，剪切带包含多块孤立的应变集中区，它们的走向并不完全一致，这导致了 γ_{max} 的逐行最大值对应的坐标连线比较弯曲。此外，在这些应变集中区之间，γ_{max} 较低，这导致了该区域的 γ_{max} 的逐行最大值对应的坐标可能在剪切带之外，这使 γ_{max} 的逐行最大值对应的坐标连线比较弯曲。随着 ε_a 增大，这些应变集中区逐渐贯通，γ_{max} 的逐行最大值对应的坐标逐渐都位于剪切带内，这使 γ_{max} 的逐行最大值坐标连线逐渐变得较为平直。

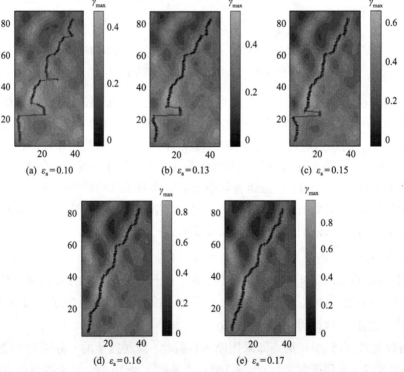

图 4-69　不同 ε_a 时剪切带 6_1 附近的 γ_{max} 的分布及 γ_{max} 的逐行最大值对应的坐标

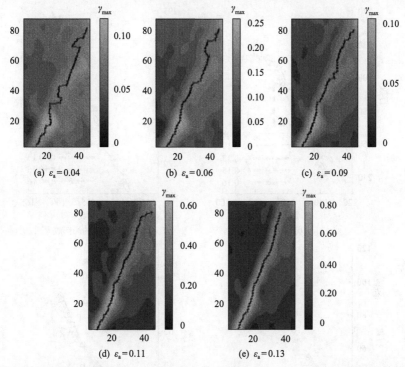

图 4-70　不同 ε_a 时剪切带 25_1 附近的 γ_{max} 的分布及 γ_{max} 的逐行最大值对应的坐标

在图 4-69 和图 4-70 中，难以发现 γ_{max} 的逐行最大值对应的坐标的演变。为此，图 4-71 给出了不同 ε_a 时 4 条剪切带的 γ_{max} 的逐行最大值坐标连线的分布及演变。其中，图 4-71(a)、(b) 分别给出了剪切带 6_1 的结果及局部放大结果，图 4-71(c)、(d) 分别给出了剪切带 8_1 的结果及局部放大结果，图 4-71(e)、(f) 分别给出了剪切带 19_1 和 25_1 的结果。

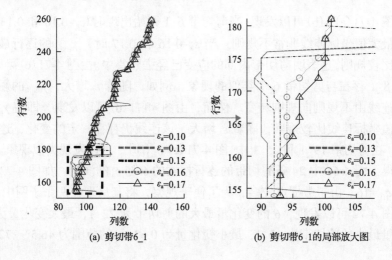

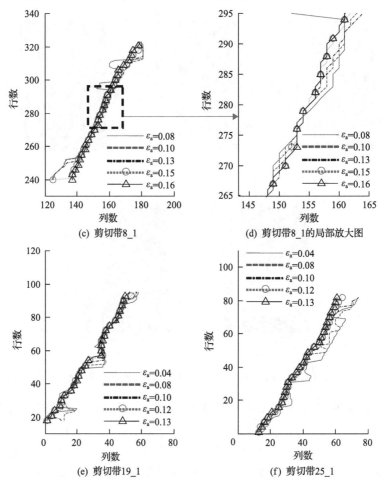

图 4-71 不同 ε_a 时 4 条剪切带的 γ_{max} 的逐行最大值对应的坐标的分布及演变

由图 4-71（a）、（b）可以发现，当剪切带 6_1 开始出现时（ε_a=0.10 和 0.13），γ_{max} 的逐行最大值坐标连线非常不规则；当 ε_a=0.16 和 0.17 时，γ_{max} 的逐行最大值坐标连线比较规则，这表明剪切带内部的应变已经强烈集中。由图 4-71（c）可以发现，剪切带 8_1 存在与剪切带 6_1 类似的现象，例如，随着 ε_a 增大，γ_{max} 的逐行最大值坐标连线由不规则向规则转变。然而，由图 4-71（d）可以发现，即使 γ_{max} 的逐行最大值坐标连线比较规则，随着 ε_a 增大，该连线仍存在一定的变化，这可能使 θ 改变。在剪切带 19_1 和 25_1 中［图 4-71（e）、（f）］，可以发现类似现象。

获得了图 4-66 中 24 条剪切带的逐行搜索的 θ 随 ε_a 的演变，如图 4-72 所示。其中，q_0=16。由于数据点较多，为了便于观察，将其呈现在两张子图中。

由图 4-72 可以发现，θ 的变化量最大的剪切带为 22_1，最大变化量为 9°；θ 的变化量最小的剪切带为 17_1，最小变化量为 0.6°；θ 的范围为 46.5°~72.3°。对于同一土样，不同剪切带的 θ 的演变及范围并不相同。对于土样上下端面附近的剪切带，θ 较小，例如，24_1、24_2 及 25_2。整体上，随着 ε_a 增大，θ 的演变包含 6 种模式：①θ 随着 ε_a 增大而显著增大，共计 10 条，分别为 24_1、28_1、12_1、12_2、6_2、31_1、31_2、20_1、2_1 及 22_1；②θ 随着 ε_a 增大而显著减小，共计 4 条，分别为 6_1、8_1、2_2 及 25_1；③θ 随着 ε_a 增大而先减小后增大，共计 5 条，分别为 17_2、19_2、2_3、25_2 及 22_2；④θ 随着 ε_a 增大而变化很小，共计 3 条，分别为 24_2、28_2 及 17_1；⑤θ 随着 ε_a 增大而先增大后减小，共计 1 条，为 19_1；⑥θ 随着 ε_a 增大变化复杂，共计 1 条，为 19_3。

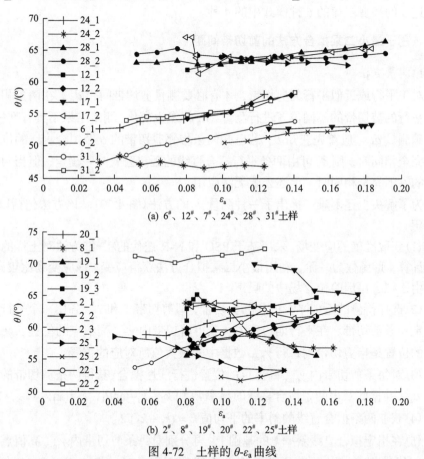

(a) 6#、12#、7#、24#、28#、31#土样

(b) 2#、8#、19#、20#、22#、25#土样

图 4-72　土样的 θ-ε_a 曲线

上述结果表明，θ 的演变是多种多样的。根据库仑理论，θ 仅与内摩擦角有关。当内摩擦角增大或减小时，θ 呈线性增大或减小。在受压土样剪切带发展过程中，一方面，颗粒之间的孔隙可能会减小，这将导致咬合力增加，内摩擦角增大，这可推出随着 ε_a 增大 θ 增大的现象；另一方面，薄弱位置(容易出现剪切带的位置)的颗粒可能发生旋转现象，这将导致咬合力减小，内摩擦角将减小，这可推出随

着 ε_a 增大 θ 减小的现象。

一般认为，内摩擦角是常量。然而，一些研究人员也观察到了内摩擦角的演变。钟邑桅(2006)进行了粉质黏土试样的平面应变实验，观察到了随着 ε_a 增大，内摩擦角先增大后减小的现象。Röchter 等(2010)对比了在平面应变拉伸实验和三轴拉伸实验中的内摩擦角，观察到了随着 ε_a 增大，内摩擦角先增大后减小的现象和一直增大的现象。综上所述，随着 ε_a 增大，内摩擦角的演变可表现为基本不变、增大或先增大后减小 3 种模式。另外，内摩擦角减小的模式比较常见，这一点在一些应变软化模型中被考虑。根据库仑理论，由内摩擦角的上述 4 种模式可以推出上述 θ 的演变规律的 6 种模式中的 4 种。

4.8.3　基于最小二乘拟合方法的剪切带间距

1)测量方法

对于平行或近似平行的剪切带，才有必要测量剪切带间距 d_b 。在两条相邻的近似平行的剪切带的不同位置进行测量，d_b 将发生变化，测量结果不具有唯一性。欲准确测量 d_b ，应首先获知 θ 。若已知两条相邻剪切带的 θ 及拟合直线的位置，当 θ 完全相同时，则 d_b 可由两条平行拟合直线的距离公式唯一确定，但当两条剪切带的 θ 不完全相同时，上述公式无法应用。

为了解决上述困难，提出了一种测量 d_b 的方法(图 4-73)。该方法包括以下 6 个步骤。

(1)获取准确的应变场。采用基于 PSO 和 N-R 迭代的粗-细方法对土样的变形进行计算，形函数为一阶，利用最小二乘拟合方法获得应变。该应变场比较光滑，这是由于拟合可消除位移场中的噪声。

(2)选择待测的近似平行的相邻剪切带，即剪切带 1 和 2。各用一个平行四边形圈定一条剪切带。在平行四边形内，获得剪切带内 γ_{max} 高值点的位置。γ_{max} 高值点的位置是指剪切带内每行 γ_{max} 数据中的最大值所对应的位置。

(3)对每条剪切带内 γ_{max} 高值点的位置进行线性拟合，获得两条剪切带的倾角 θ_1 和 θ_2 ，并据此获得两条拟合直线的斜率 k_1 和 k_2 ，$k_1=\tan\theta_1$ ，$k_2=\tan\theta_2$ 。

(4)获取两条拟合直线的斜率的平均值 $\bar{k}=(k_1+k_2)/2$ 。

(5)在指定拟合直线斜率 $\bar{k}$ 的基础上，再分别对每条剪切带内 γ_{max} 高值点的位置进行线性拟合，从而获得两条拟合直线的方程： $Ax+By+C_1=0$ ，$Ax+By+C_2=0$ 。

(6)利用平行线距离公式计算上述两条平行的拟合直线的距离，作为 d_b ：

$$d_b=\frac{|C_1-C_2|}{\sqrt{A^2+B^2}} \tag{4-9}$$

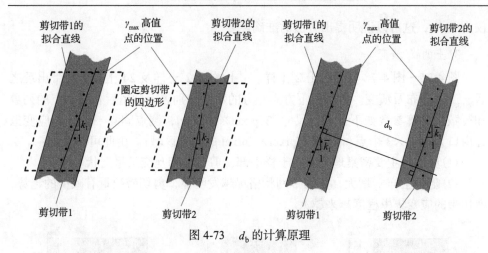

图 4-73　d_b 的计算原理

2) 方法检验

下面，将检验提出方法的正确性。首先，采用式(3-2)制作模拟散斑图 [图 4-74(a)]。图像尺寸=512pixel×256pixel，散斑半径 s_r=2pixel，散斑数量 s_n= 1800。其次，以图 4-74(a)为参考图像，根据式(3-4)和仿射变换制作两条倾斜含应变梯度的虚拟剪切带 [图 4-74(b)]，其中，w=20pixel，$\bar{\gamma}_p = 0.2$，θ=60°，d_b= 50pixel。最后，利用提出的方法测量由图 4-74(a)变形至图 4-74(b)过程中的 d_b，过剪切带的两条平行拟合直线如图 4-74(c)所示。计算参数如下：子区尺寸= 19pixel×19pixel，测点间隔=4pixel。图 4-74(c)中土样下方和左方的数字分别表示各测点的列数和行数，"+"为 γ_{max} 高值点的位置。

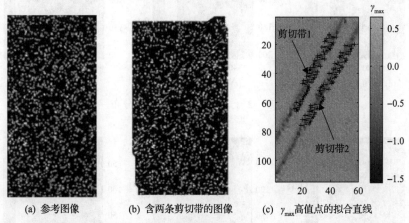

(a) 参考图像　　　(b) 含两条剪切带的图像　　　(c) γ_{max} 高值点的拟合直线

图 4-74　参考图像、含两条剪切带的图像和 γ_{max} 高值点的拟合直线

结果表明：剪切带 1 的拟合直线的斜率为 1.7031，剪切带 2 的拟合直线的斜率为 1.9031，二者的平均斜率为 1.8031，d_b 的测量结果为 51.83pixel，相对误差

仅为 3.6%，这可以说明提出方法的准确性。

3）土的 d_b 演变

图 4-75～图 4-78 分别给出 $2^#$ 土样、$6^#$ 土样、$12^#$ 土样及 $24^#$ 土样剪切带出现之后 γ_{max} 的分布及演变。各子图下方和左方的数字分别表示插值后各数据点的列数和行数。计算参数如下：子区尺寸=31pixel×31pixel，测点间隔=3pixel，应变拟合窗口大小=3×3 个点（相当于 7pixel×7pixel 的图像区域）。由此可以发现：

（1）剪切带主要密集地分布在土样中部，剪切带相互交叉呈网状。

（2）随着土样 ε_a 增大，剪切带网状格局越发明显，剪切带数量有减少的趋势，剪切带的应变集中程度越来越大。

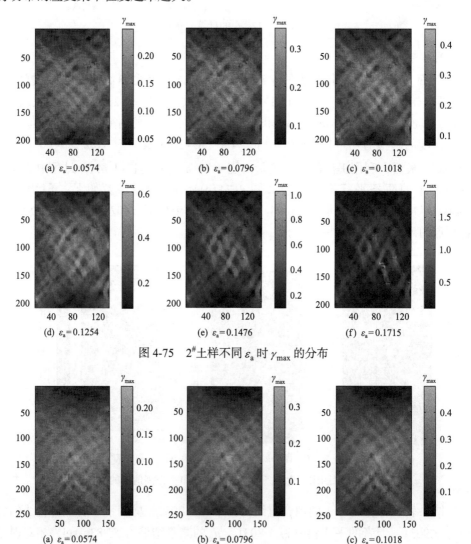

图 4-75　$2^#$ 土样不同 ε_a 时 γ_{max} 的分布

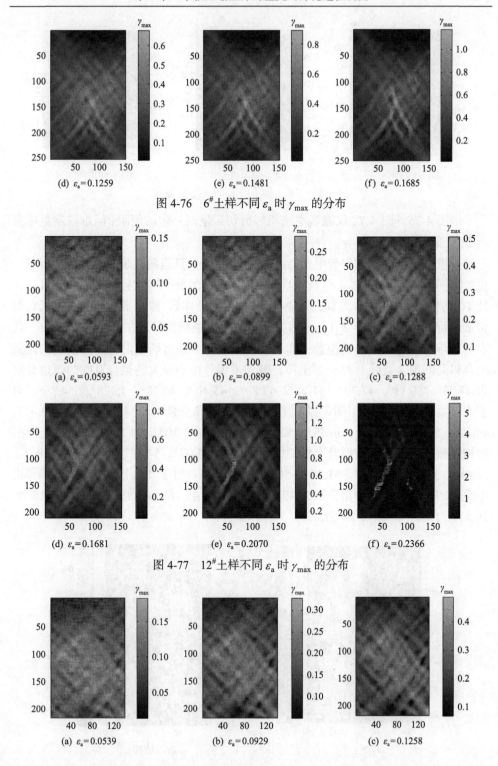

(d) $\varepsilon_a = 0.1259$　　　　(e) $\varepsilon_a = 0.1481$　　　　(f) $\varepsilon_a = 0.1685$

图 4-76　6# 土样不同 ε_a 时 γ_{max} 的分布

(a) $\varepsilon_a = 0.0593$　　　　(b) $\varepsilon_a = 0.0899$　　　　(c) $\varepsilon_a = 0.1288$

(d) $\varepsilon_a = 0.1681$　　　　(e) $\varepsilon_a = 0.2070$　　　　(f) $\varepsilon_a = 0.2366$

图 4-77　12# 土样不同 ε_a 时 γ_{max} 的分布

(a) $\varepsilon_a = 0.0539$　　　　(b) $\varepsilon_a = 0.0929$　　　　(c) $\varepsilon_a = 0.1258$

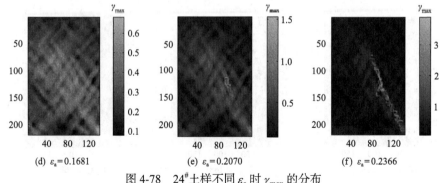

(d) $\varepsilon_a = 0.1681$　　　　　　(e) $\varepsilon_a = 0.2070$　　　　　　(f) $\varepsilon_a = 0.2366$

图 4-78　24#土样不同 ε_a 时 γ_{max} 的分布

　　由图 4-75～图 4-78 仅能观察到相邻剪切带呈现一定的间距，但难以定量考察 d_b 的演变。

　　这里，仅从众多剪切带中选择一部分计算 d_b，且当剪切带较明显时才计算。在 2#土样、6#土样、12#土样及 24#土样中，选择的剪切带数目分别为 9、11、10 及 10。选择的剪切带位置如图 4-79 所示，以"土样名_剪切带序号"的方式对剪切带进行标记，例如，"2_1"表示 2#土样的第 1 条剪切带。在图 4-79 中，"+"代表剪切带内 γ_{max} 高值点的位置；实线代表根据任一条剪切带内 γ_{max} 高值点的位置拟合得到的拟合直线。对于 2#土样，剪切带编号由小至大的拟合直线的倾角分别为 47.53°、50.11°、42.79°、51.26°、47.80°、45.40°、40.78°、45.78°及 54.86°；对于 6#土样，剪切带编号由小到大的拟合直线的倾角分别为 57.45°、49.35°、43.47°、49.12°、57.45°、49.35°、56.79°、52.50°、55.27°、43.30°及 41.13°；对于 12#土样，剪切带编号由小至大的拟合直线的倾角分别为 53.07°、54.53°、45.27°、58.80°、52.88°、58.78°、54.46°、51.39°、56.76°及 38.17°；对于 24#土样，剪切带编号由小至大的拟合直线的倾角分别为 49.01°、48.34°、41.16°、47.86°、58.95°、54.07°、39.53°、52.29°、54.73°及 57.35°。

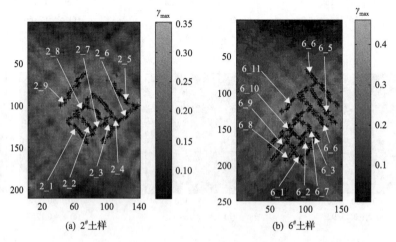

(a) 2#土样　　　　　　　　　　　(b) 6#土样

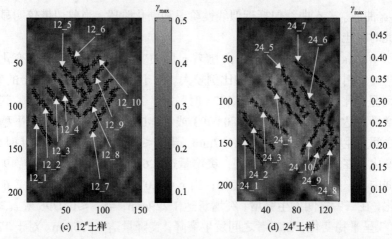

(c) 12#土样　　　　　　　　　　　　(d) 24#土样

图 4-79　根据土样 γ_{max} 场选择的剪切带及根据 γ_{max} 高值点的位置拟合的直线

应当指出，对于 d_b，以"土样名＿一条剪切带序号＿另一条剪切带序号"的方式进行标记，例如，"2_1_2"。

图 4-80 (a)、(d) 分别给出了 2#、6#、12# 及 24# 土样的 σ_a-ε_a 曲线，同时，还给

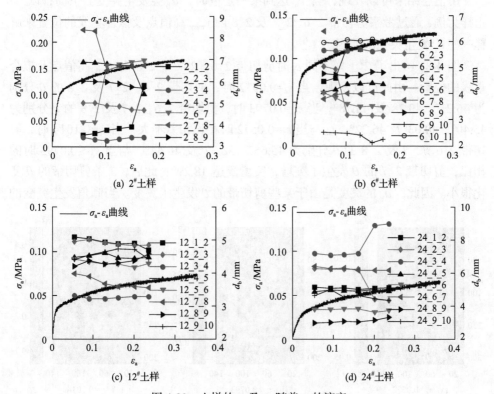

(a) 2#土样　　　　　　　　　　　　(b) 6#土样

(c) 12#土样　　　　　　　　　　　　(d) 24#土样

图 4-80　土样的 σ_a 及 d_b 随着 ε_a 的演变

出了 d_b-ε_a 曲线。v_a-ε_a 曲线包括近似线性阶段和硬化阶段。当剪切带较明显时才计算 d_b。此时，土样处于硬化阶段。

由图 4-80(a)、(d) 可以发现，d_b 随着 ε_a 的演变可以被划分为平稳变化和非平稳变化两类。相比之下，前者占的比例较大。对于 $2^\#$ 土样，7 对剪切带的数据中，只有 3 对呈非平稳变化。当 $\varepsilon_a \leqslant 0.1476$ 时，2_1_2 呈平稳变化，随后，其发生突增，突增量高达 1.910mm；当 $\varepsilon_a \leqslant 0.0793$ 或 $\varepsilon_a \geqslant 0.1014$ 时，2_7_8 呈平稳变化，在二者之间发生突降，突降量达 1.797mm；当 $\varepsilon_a \leqslant 0.0793$ 或 $\varepsilon_a \geqslant 0.1014$ 时，2_6_7 呈平稳变化，在二者之间发生突增，突增量达 2.622mm。对于 $6^\#$ 土样，9 对剪切带的数据中，只有 2 对呈非平稳变化；当 $\varepsilon_a \leqslant 0.0796$ 或 $\varepsilon_a \geqslant 0.1018$ 时，6_1_2 呈平稳变化，在二者之间发生突增，突增量达 1.229mm；当 $\varepsilon_a \leqslant 0.0796$ 或 $\varepsilon_a \geqslant 0.1018$ 时，6_2_3 呈平稳变化，在二者之间发生突降，突降量达 1.755mm。对于 $12^\#$ 土样，8 对剪切带的数据均呈平稳变化。对于 $24^\#$ 土样，8 对剪切带的数据中，只有 2 对呈非平稳变化；当 $\varepsilon_a \leqslant 0.1618$ 或 $\varepsilon_a \geqslant 0.2007$ 时，24_2_3 呈平稳变化，在二者之间发生突增，突增量达 1.690mm；当 $\varepsilon_a \leqslant 0.1618$ 或 $\varepsilon_a \geqslant 0.2007$ 时，24_3_4 呈平稳变化，在二者之间发生突降，突降量达 1.811mm。

由上述结果可以发现，当 ε_a 达到某一定值时，d_b 会发生突变。下面，以 $2^\#$ 土样为例，通过考察剪切带 2_6、2_7 及 2_8 内 γ_{max} 高值点及拟合直线的位置来解释一些 d_b 发生突变的原因。

图 4-81 给出了 $2^\#$ 土样不同 ε_a 时剪切带 2_6、2_7 及 2_8 内 γ_{max} 高值点及拟合直线的位置。由此可以发现，当 $\varepsilon_a=0.0572$ 时，剪切带 2_6、2_7 及 2_8 的 θ 分别为 46.21°、40.78° 及 45.78°；当 $\varepsilon_a=0.0793$ 时，剪切带 2_6、2_7 及 2_8 的 θ 分别为 45.40°、40.03° 及 46.22°，这与当 $\varepsilon_a=0.0572$ 时相比相差不大；当 $\varepsilon_a=0.1014$ 时，剪切带 2_6、2_7 及 2_8 的 θ 分别为 45.65°、58.32° 及 46.44°，与当 $\varepsilon_a \leqslant 0.0793$ 时的相比，剪切带 2_7 的 θ 发生了突增，突增量达 18.29°；此后，3 条剪切带的 θ 变化很小。因此，d_b 的突变是由于某些剪切带的 θ 发生了突变。当倾角发生突变的

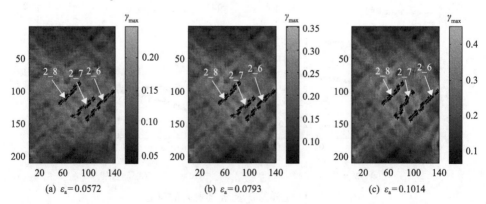

(a) $\varepsilon_a=0.0572$　　　　　　(b) $\varepsilon_a=0.0793$　　　　　　(c) $\varepsilon_a=0.1014$

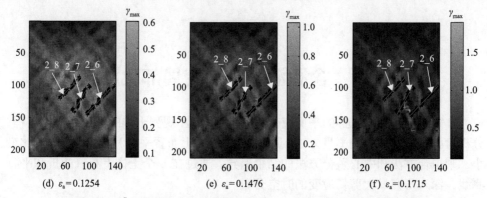

(d) $\varepsilon_a = 0.1254$　　　　　(e) $\varepsilon_a = 0.1476$　　　　　(f) $\varepsilon_a = 0.1715$

图 4-81　$2^{\#}$土样不同 ε_a 时 3 条剪切带内 γ_{max} 高值点及拟合直线的位置

1 条剪切带周围有 2 条选择的剪切带时，1 个 d_b 发生突增，同时，另 1 个 d_b 发生突降。当 θ 发生突变的剪切带周围只有 1 条选择的剪切带，则 d_b 发生突变。

　　图 4-82 给出了 d_b 的频率直方图。由此可以发现，d_b 分布在 2～9mm，主要分布在 3～7mm，均值为 4.7875mm。

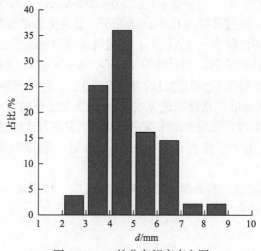

图 4-82　d_b 的分布频率直方图

第5章 含孔洞土样应变局部化观测

本章开展含孔洞土样的平面应变双轴压缩实验，观测土样的应变局部化过程，分析含孔洞土样的应变测量方法。通过在 56# 土样上布置平直和曲折测线，对比最小二乘拟合方法和中心差分方法的结果差异。通过在 6 个土样上布置曲折和平直测线，深入研究最大剪切应变的时空分布。

5.1 平面应变双轴压缩实验

5.1.1 土样制备

实验用土为低液限黏土，液限 w_L=42.20%，塑限 w_P=25.22%，取自某高层建筑工地距地表 5m 处。土样的制备采用固结法（Geiser et al.，2006），其过程如下：①将土干燥后碾碎，并过孔径为 0.5mm 的筛子；②将土和水按照质量比 3：1 进行混合，充分搅拌成塑性状态，注入模具；③通过连续称重法控制土样含水率，当其达到 20% 左右时，拆除模具，制成约为 10cm×10cm×4.7cm 的长方体土样；④在土样的最大表面中心处沿与该面垂直的方向，利用型号为迪玛特 RDM1301BN 的钻机，以转速为 1400r/min 的缓慢推进方式（减小钻机对土样的扰动），钻直径为 3cm 的通孔；⑤选择一个含孔洞的表面涂抹白色颜料，并在其上喷涂直径为 4～12pixel 的黑色散斑。这是由于散斑直径为 4～10pixel 时，散斑图质量较好（Zhou and Goodson，2001）。

应当指出，这里采用的重塑土样具有成分可控、均质单一的优点，这有利于剪切带相关问题的研究。

5.1.2 实验过程

自行研制的平面应变模型加载及观测系统包括加载系统和光学观测系统。将加载系统（图 5-1）置于液压伺服试验机的平台上，并将土样置于上述系统内部。加载系统包括孔洞表面压力加载系统和模型围压加载系统。孔洞表面压力加载系统主要由内囊、调压阀、压力表和气瓶等组成。模型围压加载系统主要由侧囊、侧箱、侧压加载板、调压阀、压力表和气瓶等组成。光学观测系统主要由 CCD 相机、透明平板（钢化玻璃板）、计算机和三脚架等组成。将 CCD 相机固定于三脚架上，保持 CCD 相机的镜头与喷涂散斑的土样表面 1.2m 的距离，并保证 CCD 相机的光轴与土样表面垂直。将一块透明平板置于土样前方，使其与喷涂散斑的土样表面相贴合，并将其固定在侧箱上，同时，将一块含孔洞的透明平板置于土样后方，并将其与土样表面相贴合，以确保土样处于平面应变状态。内囊置于土样的孔洞中，利用气瓶对内囊和侧囊充气，以实现对土样特定位置(孔洞表面和土样两侧)施加压力，并利用调压阀和压力表控制内压和侧压。土样上、下表面的压力由试验机施加，施加方式为位移控制加载。

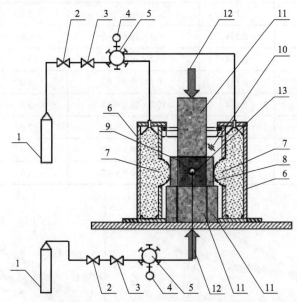

图 5-1　平面应变模型加载系统示意图

1.气瓶；2.减压阀；3.调压阀；4.压力表；5.六通阀；6.侧箱；7.侧囊；8.侧压加载板；
9.土样；10.透明平板；11.垫块；12.由试验机施加垂直方向压力；13.内囊

在土样变形破坏过程中，拍摄喷涂散斑的土样表面图像。当土样表面出现宏观裂纹时停止实验，这是由于当宏观裂纹出现后，大部分 DIC 方法并不适用。类似实验条件下进行了多次实验，以考虑剪切带对土样非均质性的敏感性。共开展了 70 余个土样的实验(图 5-2)。部分土样的信息见表 5-1，σ_a-ε_a 曲线如图 5-3 所示。

图 5-2　破坏后的部分土样

表 5-1　部分土样的基本信息

编号	内压/MPa	侧压/MPa	高度×宽度×厚度/(cm×cm×cm)	加载速度/(mm/min)	含水率/%
2#	0.162	0.181	10.1×10.1×4.8	7.5	17.77
8#	0.162	0.182	10.2×10.0×4.8	10.0	18.71
17#	0.166	0.185	10.0×10.0×4.7	5.0	18.53
27#	0.160	0.224	10.2×10.1×4.8	5.0	20.66
35#	0.159	0.184	10.1×10.0×4.8	5.0	19.44
37#	0.162	0.181	10.1×10.0×4.7	5.0	20.69
40#	0.161	0.184	10.2×10.0×4.7	5.0	20.54
56#	0.161	0.180	10.0×10.1×4.7	2.0	18.69
66#	0	0.182	10.0×10.1×4.7	5.0	20.28
67#	0.162	0.182	10.0×10.0×4.7	5.0	19.38

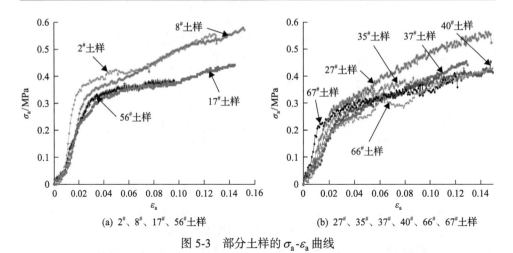

(a) 2#、8#、17#、56#土样　　　　(b) 27#、35#、37#、40#、66#、67#土样

图 5-3　部分土样的 σ_a-ε_a 曲线

5.2　应变测量方法的比较

使用第 2 章提出的基于 PSO 和 N-R 迭代的粗-细方法对 56#土样的变形进行计算,形函数为一阶,分别采用中心差分方法和最小二乘拟合方法获得应变。计算参数如下:子区尺寸=31pixel×31pixel,测点间隔=10pixel。为了避免孔洞区域内的无效计算,采用一个圆形对其进行标记。两种方法的最大剪切应变 γ_{max} 如图 5-4 所示。

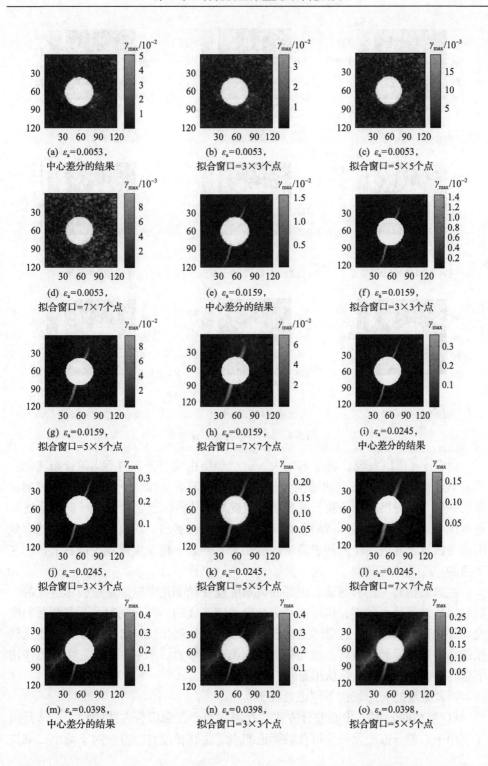

(a) $\varepsilon_a=0.0053$,
中心差分的结果

(b) $\varepsilon_a=0.0053$,
拟合窗口=3×3个点

(c) $\varepsilon_a=0.0053$,
拟合窗口=5×5个点

(d) $\varepsilon_a=0.0053$,
拟合窗口=7×7个点

(e) $\varepsilon_a=0.0159$,
中心差分的结果

(f) $\varepsilon_a=0.0159$,
拟合窗口=3×3个点

(g) $\varepsilon_a=0.0159$,
拟合窗口=5×5个点

(h) $\varepsilon_a=0.0159$,
拟合窗口=7×7个点

(i) $\varepsilon_a=0.0245$,
中心差分的结果

(j) $\varepsilon_a=0.0245$,
拟合窗口=3×3个点

(k) $\varepsilon_a=0.0245$,
拟合窗口=5×5个点

(l) $\varepsilon_a=0.0245$,
拟合窗口=7×7个点

(m) $\varepsilon_a=0.0398$,
中心差分的结果

(n) $\varepsilon_a=0.0398$,
拟合窗口=3×3个点

(o) $\varepsilon_a=0.0398$,
拟合窗口=5×5个点

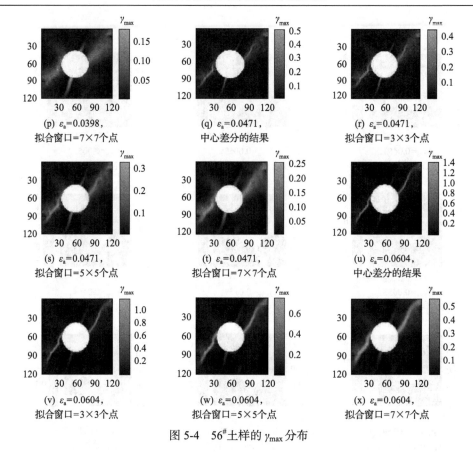

图 5-4　56# 土样的 γ_{max} 分布

由图 5-4 可以发现，随着 ε_a 增大，γ_{max} 经历由均匀分布向不均匀分布转化。当 ε_a 较小时，γ_{max} 呈斑点状随机分布，且较小；随着 ε_a 增大，在孔洞的顶部偏右和底部偏左各发展出一条狭长的高角度应变局部化带；当 $\varepsilon_a \geq 0.0398$ 时，上述高角度应变局部化带变得不清晰，在孔洞的两帮各发展出一条模糊的较宽阔的应变不均匀区域，并进一步发展成清晰的剪切带，导致土样发生贯穿土样右上角和左下角的"/"形剪切破坏。

在加载初期，孔洞的顶、底部的高角度应变局部化带应该是拉破坏造成的，随后，其发展受到限制，这可能是由端面约束造成的。与此同时，孔洞两帮的应变局部化带得到发展，这显然是剪破坏造成的。也就是说，含孔洞土样先遭受到拉破坏，后遭受到剪破坏，这与垂直方向第一主应力、水平方向第三主应力作用下含孔洞土样的常规破坏认识是相符的。

两种方法的 γ_{max} 场的不同之处在于：

(1)当相同 ε_a 时，中心差分方法的孔洞比最小二乘拟合方法的稍大，这是由于利用中心差分方法无法获得孔洞附近测点的位移梯度(应变)。对于最小二乘拟合方法，不同拟合窗口条件下的 $\gamma_{\max}$ 场中孔洞的区域相一致，这是由于对于孔洞附近的测点只需应变拟合窗口中的有效位移数据≥3，即可计算该测点的应变，这体现了最小二乘拟合方法的优越性。

(2)中心差分方法的 $\gamma_{\max}$ 范围比最小二乘拟合方法的大；随着拟合窗口尺寸的增大，最小二乘拟合方法的 $\gamma_{\max}$ 范围逐渐减小。例如，当 ε_{a}=0.0398 时，中心差分方法的 $\gamma_{\max}$ 在 0.0001~0.0516，当拟合窗口分别为 3×3 个点、5×5 个点和 7×7 个点时，$\gamma_{\max}$ 分别为 2.275×10^{-5}~0.03681、1.136×10^{-5}~0.02025 和 2.323×10^{-5}~0.0100。

(3)中心差分方法的剪切带宽度 w 的实测值与当拟合窗口为 3×3 个点时相差不大。对于最小二乘拟合方法，随着拟合窗口尺寸的增大，w 的实测值有增大的趋势。随着拟合窗口尺寸的增大，拟合窗口中的位移数据增多。在最小二乘拟合方法中，某测点的应变受周围所有测点位移数据的影响。所以，当拟合窗口过大，则将对实际上不均匀的应变场起到了过度平滑的作用，这导致应变并不准确。

图 5-4 仅能定性地比较不同应变计算方法的 $\gamma_{\max}$。为了将最小二乘拟合方法和中心差分方法的结果进行定量对比，根据 56# 土样 ε_{a} 较大时清晰剪切带 M 所处位置布置曲折测线(图 5-5)。具体过程如下：首先，搜索剪切带 M 内的 $\gamma_{\max}$ 高值点，得到其坐标，将上述坐标连接，即曲折测线；其次，对 $\gamma_{\max}$ 高值点的坐标进行线性最小二乘拟合，并获得拟合直线的倾角，在曲折测线两侧各布置 1 条平直测线，每条平直测线与拟合直线的间距相等；最后，过曲折测线上距离孔洞最远处，作 1 条垂直于平直测线的直线，其与曲折测线右下方的平直测线的交点为坐标原点 o'，如图 5-5 所示建立平面直角坐标系 sos'，在两条平直测线上布置测点。曲折测线上任意测点应与其左、右两侧的测点具有相同的坐标 s。

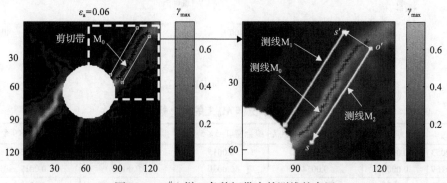

图 5-5　56# 土样 1 条剪切带内外测线的布置

图 5-6~图 5-8 分别给出了 56# 土样不同应变计算方法时曲折测线 M_0、平直测线 M_1 和 M_2 上的 $\gamma_{\max}$ 分布。表 5-2~表 5-4 分别给出了 M_0、M_1 和 M_2 上的 $\gamma_{\max}$ 标准差。

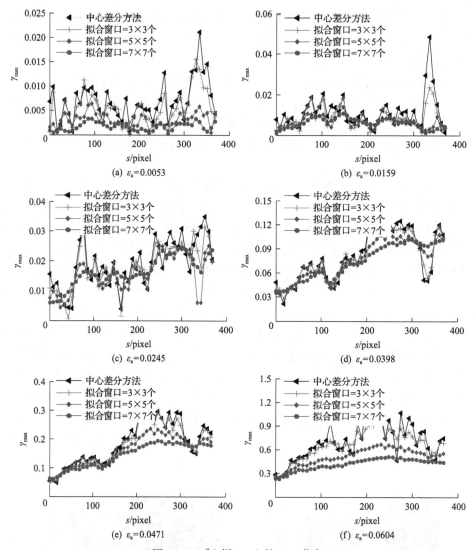

图 5-6　56#土样 M_0 上的 γ_{max} 分布

表 5-2　56#土样 M_0 上的 γ_{max} 标准差

ε_a	中心差分方法	拟合窗口=3×3 个点	拟合窗口=5×5 个点	拟合窗口=7×7 个点	拟合窗口=9×9 个点
0.0053	0.0041	0.0034	0.0015	0.0009	0.0005
0.0159	0.0083	0.0054	0.0030	0.0024	0.0019
0.0245	0.0083	0.0075	0.0061	0.0052	0.0053
0.0398	0.0330	0.0301	0.0245	0.0226	0.0221
0.0471	0.0785	0.0725	0.0545	0.0435	0.0369
0.0604	0.2324	0.1831	0.1136	0.0779	0.0579

对于 M_0，由图 5-6 和表 5-2 可以发现：

(1)中心差分方法和最小二乘拟合方法中拟合窗口=3×3 个点时的 M_0 上 γ_{max} 分布类似，波动较大。相比之下，中心差分方法的 γ_{max} 标准差更大。例如，当 ε_a=0.0053 时，中心差分方法的 γ_{max}=0.0006～0.0211，标准差为 0.0041；最小二乘拟合方法中拟合窗口=3×3 个点时 γ_{max}=0.0005～0.0155，标准差为 0.0034。

(2)对于最小二乘拟合方法，当 ε_a 一定时，随着拟合窗口尺寸的增大，γ_{max}-s 曲线逐渐平缓，且 γ_{max} 标准差有减小的趋势。例如，当 ε_a=0.0159 时，拟合窗口为 3×3 个点、5×5 个点、7×7 个点及 9×9 个点时的 γ_{max} 标准差分别为 0.0054、0.0030、0.0024 和 0.0019，这是由于随着拟合窗口尺寸的增大，应变的平滑效果越好。

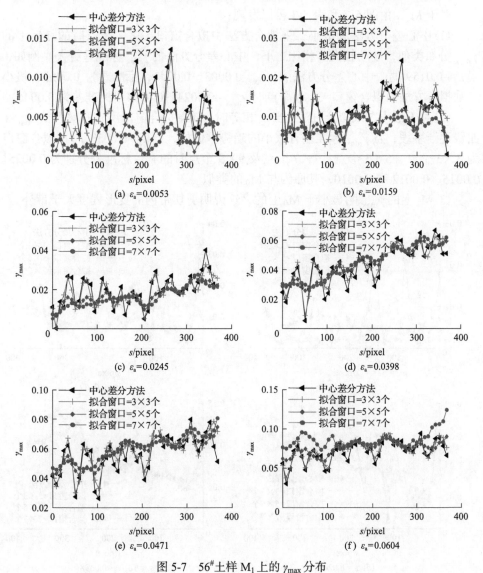

图 5-7　56#土样 M_1 上的 γ_{max} 分布

表 5-3　56$^{\#}$土样 M_1 上的 γ_{max} 标准差

ε_a	中心差分方法	拟合窗口=3×3 个点	拟合窗口=5×5 个点	拟合窗口=7×7 个点	拟合窗口=9×9 个点
0.0053	0.0031	0.0025	0.0015	0.0012	0.0010
0.0159	0.0053	0.0046	0.0026	0.0015	0.0013
0.0245	0.0077	0.0067	0.0049	0.0051	0.0049
0.0398	0.0140	0.0128	0.0111	0.0114	0.0115
0.0471	0.0129	0.0120	0.0091	0.0092	0.0105
0.0604	0.0140	0.0132	0.0084	0.0102	0.0213

对于 M_1，由图 5-7 和表 5-3 可以发现：

(1)中心差分方法和最小二乘拟合方法中拟合窗口=3×3 个点时的 M_1 上的 γ_{max} 分布类似，波动较大。相比之下，中心差分方法的 γ_{max} 标准差更大。例如，当 ε_a=0.0159 时，中心差分方法的 γ_{max}=0.0003～0.0241，标准差为 0.0053；最小二乘拟合方法中拟合窗口=3×3 个点时 γ_{max}=0.0024～0.0214，标准差为 0.0046。

(2)对于最小二乘拟合方法，当 ε_a 相等时，随着拟合窗口尺寸的增大，γ_{max}-s 曲线逐渐平缓，且 γ_{max} 标准差有减小的趋势。例如，当 ε_a=0.0053 时，拟合窗口为 3×3 个点、5×5 个点、7×7 个点及 9×9 个点时的 γ_{max} 标准差分别为 0.0025、0.0015、0.0012 和 0.0010，其原因与 M_0 的类似。

(3)M_1 上的 γ_{max} 明显小于 M_0 上的，这说明剪切带内的变形程度大于带外。

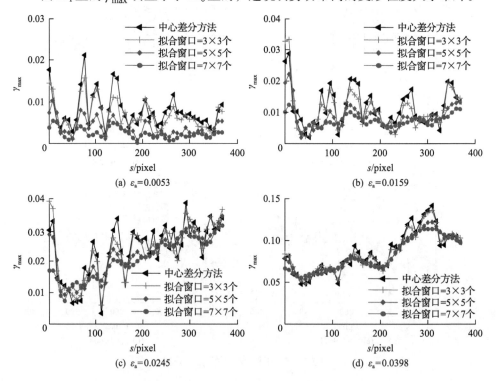

(a) ε_a=0.0053

(b) ε_a=0.0159

(c) ε_a=0.0245

(d) ε_a=0.0398

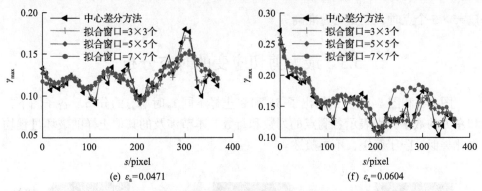

图 5-8　$56^{\#}$ 土样 M_2 上的 γ_{max} 分布

表 5-4　$56^{\#}$ 土样 M_2 上的 γ_{max} 标准差

ε_a	中心差分方法	拟合窗口=3×3 个点	拟合窗口=5×5 个点	拟合窗口=7×7 个点	拟合窗口=9×9 个点
0.0053	0.0042	0.0036	0.0022	0.0012	0.0010
0.0159	0.0062	0.0067	0.0041	0.0020	0.0012
0.0245	0.0087	0.0087	0.0069	0.0064	0.0063
0.0398	0.0251	0.0233	0.0206	0.0198	0.0192
0.0471	0.0193	0.0165	0.0136	0.0140	0.0143
0.0604	0.0347	0.0340	0.0340	0.0281	0.0244

对于 M_2，由图 5-8 和表 5-4 可以发现：

（1）中心差分方法和最小二乘拟合方法中拟合窗口=3×3 个点时的 M_2 上的 γ_{max} 分布类似，波动较大。相比之下，中心差分方法的 γ_{max} 标准差更大。例如，当 $\varepsilon_a=0.0471$ 时，中心差分方法的 $\gamma_{max}=0.0912\sim0.1795$，标准差为 0.0193；最小二乘拟合方法中拟合窗口=3×3 个点时 $\gamma_{max}=0.0932\sim0.1691$，标准差为 0.0165。

（2）对于最小二乘拟合方法，当 ε_a 相等时，随着拟合窗口尺寸的增大，γ_{max}-s 曲线逐渐平缓，且 γ_{max} 标准差有减小的趋势。例如，当 $\varepsilon_a=0.0398$ 时，拟合窗口为 3×3 个点、5×5 个点、7×7 个点及 9×9 个点时的 γ_{max} 标准差分别为 0.0233、0.0206、0.0198 和 0.0192，其原因与曲折测线 M_0 和平直测线 M_2 类似。

（3）与 M_1 类似，M_2 上的 γ_{max} 也小于 M_0 上的，M_2 上的 γ_{max} 略大于 M_1 上的。

综上所述，利用中心差分方法无法获得土样孔洞表面附近测点的应变，该方法的应变误差较大。最小二乘拟合方法的应变受拟合窗口尺寸的影响较大。最小二乘拟合方法中拟合窗口=3×3 个点和中心差分方法的应变误差均较大，这是由于拟合窗口尺寸过小不能充分滤除掉位移的噪声。在最小二乘拟合方法中，拟合窗口=7×7 个点时的应变比拟合窗口=5×5 个点时的应变更平滑，这可能导致某些应变集中区的应变被抹平，从而应变的结果不准确。相比之下，当拟合窗口=5×5 个点时，应变更为准确。

5.3　最大剪切应变的时空分布

　　图 5-9 和图 5-10 分别给出了 56# 和 8# 土样不同 ε_a 时 γ_{max} 的分布。各子图下方和左方的数字分别表示各测点的列数和行数。本节涉及的其他土样的破坏过程均与此类似，限于篇幅，不再赘述。

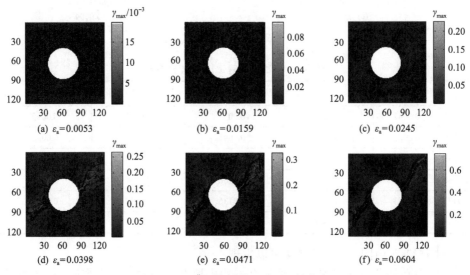

图 5-9　56# 土样不同 ε_a 时 γ_{max} 的分布

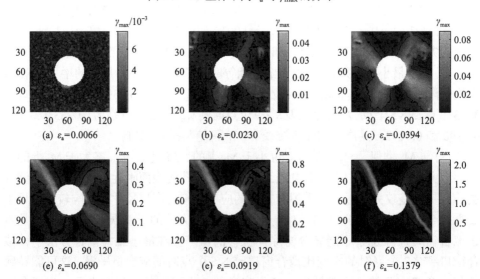

图 5-10　8# 土样不同 ε_a 时 γ_{max} 的分布

由图 5-9 和图 5-10 可以发现：

(1)随着 ε_a 增大，$\gamma_{\max}$ 的分布经历由近似均匀分布向不均匀分布的转化。在加载初期，$\gamma_{\max}$ 呈斑点状随机分布，且较小[图 5-9(a)和图 5-10(a)]，可以近似认为土样的变形基本上是均匀的。当应变较小时，结果容易出现奇异点，即使有应变集中，奇异点也会对此现象有所掩盖。应当指出，由于未对施加内压和侧压之前的土样进行拍摄，所以，结果中不包括由内压和侧压引起的应变集中。随着 ε_a 增大，出现了多块或多条模糊、宽阔的应变不均匀分布区[图 5-9(b)～(d)和图 5-10(b)～(d)]，并进一步发展成了 1～2 条清晰、狭窄的应变强烈集中区，即剪切带[图 5-9(f)和图 5-10(f)]，导致土样发生破坏。

(2)$\gamma_{\max}$ 的演变较为复杂，最终的 1～2 条清晰的剪切带是由多块或多条应变不均匀分布区通过竞争发展而成的，有时难以事先判断出来。

56[#]土样剪切带的发展演化过程如下(图 5-9)。当 ε_a=0.0053 时，$\gamma_{\max}$ 的分布呈斑点状随机分布，且 $\gamma_{\max}$ 较小，土样的变形基本上是均匀的，土样处于近似线性阶段。当 ε_a=0.0159 时，由孔洞顶部偏右和底部偏左各发展出一条高角度应变局部化带，相比之下，孔洞底部偏左的较长，土样仍处于近似线性阶段。随着 ε_a 增大，上述两条高角度应变局部化带进一步发展，土样仍处于近似线性阶段。当 ε_a=0.0398 时，孔洞顶部偏右的高角度应变局部化带变得不清晰，孔洞左帮偏上、右帮偏上和左帮偏下各发展出了一条模糊的且较宽阔的应变不均匀区。此时，土样已进入硬化阶段。当 ε_a=0.0471 时，孔洞顶部偏右和底部偏左的高角度应变局部化带变得更不清晰。当 ε_a=0.0604 时，孔洞右帮偏上的应变不均匀区发展成通过土样右上角的剪切带，孔洞左帮偏下的应变不均匀区发展成另一条剪切带，并导致土样最终发生了 "/" 形剪切破坏。

8[#]土样剪切带的发展演化过程如下(图 5-10)。当 ε_a=0.0066 时，$\gamma_{\max}$ 的分布呈斑点状随机分布，且 $\gamma_{\max}$ 较小，土样的变形基本上是均匀的，土样处于近似线性阶段。当 ε_a=0.0230 时，孔洞左帮偏上、右帮偏上、左帮偏下及右帮偏下发展出较不清晰的应变不均匀区，土样仍处于近似线性阶段。当 ε_a=0.0394 时，上述 4 块应变不均匀区的应变进一步发展。此时，土样已进入硬化阶段。当 ε_a=0.0690 时，孔洞左帮偏上的应变不均匀区发展成通过土样左上角的剪切带，孔洞右帮偏下的应变不均匀区发展成另一条剪切带。当 ε_a=0.0919 时，上述两条剪切带的应变进一步发展。当 ε_a=0.1379 时，两条剪切带变得更清晰，并导致土样最终发生了 "\" 形剪切破坏。

综上所述，随着 ε_a 增大，不同纵向加载速率条件下双轴压缩平面应变含孔洞土样的 $\gamma_{\max}$ 分布均经历了由近似均匀分布向不均匀分布的转化，并最终导致土样发生了剪切破坏。首先出现的应变不均匀区中往往只有一部分最终发展成剪切带。当加载速率较低时，当 ε_a 达到一定值时，孔洞顶部和底部发展出的高角度应变局部化带是拉破坏导致的，而当加载速率较高时，未出现上述高角度应变局部化带。

应当指出，由图 5-9 和图 5-10 仅能定性地描述剪切带的发展演变。为此，下文将通过布置测线进一步揭示剪切带的发展演变。

由图 5-9(f) 和图 5-10(f) 可以发现，狭长且最终导致土样发生剪切破坏的剪切带并非笔直。为了能捕捉到剪切带发展过程中剪切带行进路线上不同位置的 γ_{max}，有必要布置曲折测线。同时，为了比较剪切带内外 γ_{max} 的不同，有必要在上述曲折测线的基础上，再在剪切带外布置测线。分别选择 56# 土样的孔洞顶部偏右的高角度应变局部化带 A、17# 土样的右帮偏上的剪切带 B、2# 土样的左帮偏上的剪切带 C 及 8# 土样的右帮偏下的剪切带 D 布置测线(图 5-11)。平直测线与曲折测线的线性拟合结果平行。同时，建立直角坐标系 sos'，s 轴与一条平直测线重合，s 轴正向指向孔洞。应当指出，曲折测线是根据狭长剪切带的最终位置确定的。将 56#、17#、2# 及 8# 土样中的曲折测线分别命名为 A$_0$、B$_0$、C$_0$ 及 D$_0$，将两侧的平直测线分别命名为 A$_1$ 和 A$_2$、B$_1$ 和 B$_2$、C$_1$ 和 C$_2$、D$_1$ 和 D$_2$。

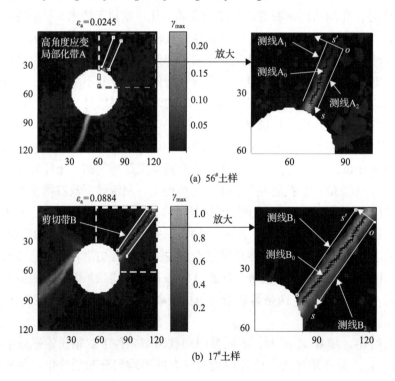

(a) 56# 土样

(b) 17# 土样

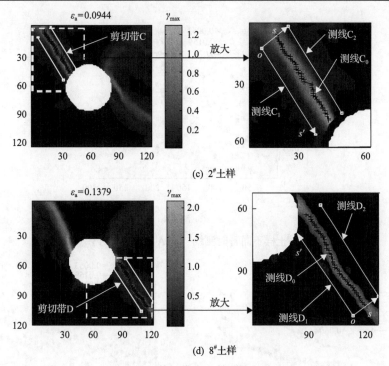

(c) 2#土样

(d) 8#土样

图 5-11　剪切带内、外测线的位置

图 5-12、图 5-14、图 5-15 和图 5-16 给出了 4 个土样不同 ε_a 时各测线上的 γ_{max}-s 曲线。图 5-13 给出了 56#土样不同 ε_a 时测线 A_0 上的 ε_x-s、ε_y-s 及 γ_{xy}-s 曲线。

对于 56#土样（图 5-12），当 ε_a=0.0053 时，A_0 及两侧 A_1 和 A_2 上的 γ_{max} 分布较均匀，且 γ_{max} 较小。当 ε_a=0.0159 时，A_0、A_1 及 A_2 上的 γ_{max} 平均值 $\bar{X}(\gamma_{max})$ 分别为 0.0285、0.0100 及 0.0065。相比之下，测线 A_0 上的 γ_{max} 远大于测线 A_1 和 A_2 上的，这说明孔洞顶部偏右的高角度应变局部化带已经形成。此时，离孔洞越近（s 越大代表离孔洞越近），A_0 上的 γ_{max} 越大，这说明孔洞顶部偏右的高角度应变

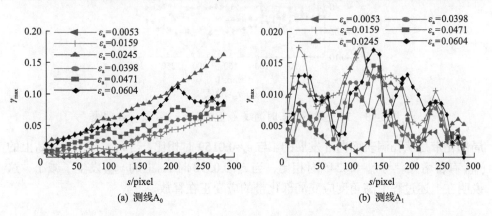

(a) 测线A_0

(b) 测线A_1

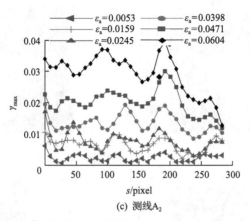

(c) 测线A_2

图 5-12 $56^{\#}$土样不同 ε_a 时测线 A_0、A_1 及 A_2 上的 γ_{max}-s 曲线

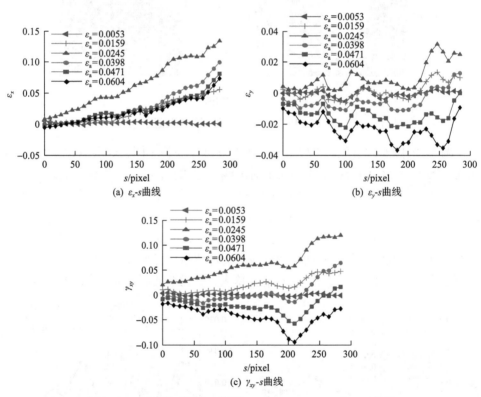

(a) ε_x-s曲线

(b) ε_y-s曲线

(c) γ_{xy}-s曲线

图 5-13 $56^{\#}$土样不同 ε_a 时测线 A_0 上的 ε_x-s、ε_y-s 及 γ_{xy}-s 曲线

局部化带是从孔洞表面向外发展的。与 ε_a=0.0159 时相比，当 ε_a=0.0245 时 A_0 上的 γ_{max} 有所增大。与 ε_a=0.0245 时相比，当 ε_a=0.0398 时 A_0 上的 γ_{max} 发生了减小，这说明在上述过程中高角度应变局部化带的应变正在释放。

　　由图 5-13 可以发现，与 ε_a=0.0245 时相比，当 ε_a=0.0398 时 A_0 上的 ε_x、ε_y 及 γ_{xy} 均发生了下降，相比之下，ε_x 下降得更明显，这说明上述高角度应变局部化带是由拉破坏导致的。当 $\varepsilon_a \geqslant 0.0398$ 时，随着 ε_a 增大，A_0 上大部分位置的 γ_{max} 有上升的趋势。对于 A_1，随着 ε_a 增大，γ_{max} 的波动较大，变化复杂。对于 A_2，随着 ε_a 增大，大部分位置的 γ_{max} 逐渐增大。例如，当 ε_a 从 0.0398 增至 0.0604 时，A_2 上 s=192.1pixel 处的 γ_{max} 从 0.01905 增至 0.03956。

　　对于 17# 土样（图 5-14），当 ε_a=0.0250 时，B_0 上的 γ_{max} 分布较均匀，且 γ_{max} 较小，B_1 和 B_2 上的 γ_{max} 分布也较均匀。与 ε_a=0.0250 时相比，当 ε_a=0.0484 时 B_0、B_1 和 B_2 上的 γ_{max} 分布较不均匀。此时，随着靠近孔洞，B_2 上的 γ_{max} 有增大的趋势。此时，随着靠近孔洞，B_1 上的 γ_{max} 呈先减小后增大的趋势；在离孔洞较远位置，B_1 与土样右上角的应变不均匀区相交，B_1 上的 γ_{max} 受该区的影响较大，导致离孔洞较远位置的 γ_{max} 较大；在孔洞附近（$s \geqslant 330$pixel），随着靠近孔洞，B_1 上的 γ_{max} 有减小的趋势，这应与剪切带外弹性应变降低（卸荷）有关。当 ε_a=0.0592 时，B_0 上的 γ_{max} 分布不均匀，此时，B_0 上的 γ_{max} 几乎都比 B_1 和 B_2 上的大；在离孔洞较远位置，B_0 上的 γ_{max} 较大，这应与土样右上角的破坏有关，剪切带 B 由土样右上角向孔洞发展；随着靠近孔洞，B_2 上的 γ_{max} 呈先减小再增大趋势，在离孔洞较

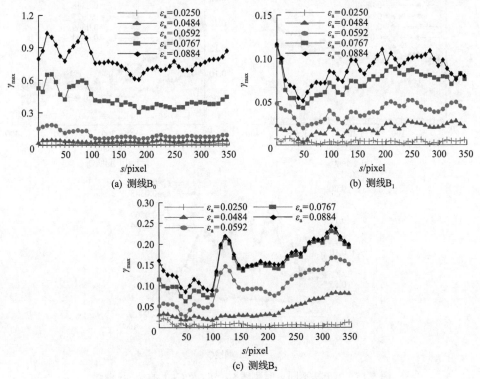

(a) 测线B_0　　　　　　　　　　　　　　　　(b) 测线B_1

(c) 测线B_2

图 5-14　17# 土样不同 ε_a 时测线 B_0、B_1 及 B_2 上的 γ_{max}-s 曲线

远位置，B_2 与剪切带 B 相交，B_2 上的 γ_{max} 受剪切带 B 的影响较大，导致离孔洞较远处的 γ_{max} 较大；在 $s=120.7$pixel 处，γ_{max} 出现了高峰，这应与该位置附近的剪切带分叉现象有关；在孔洞附近($s \geq 313.9$pixel)，随着靠近孔洞，B_2 上的 γ_{max} 有减小的趋势，这应与剪切带外弹性应变降低(卸荷)有关。当 $\varepsilon_a=0.0767$ 时，在孔洞附近($s \geq 281.7$pixel)，随着靠近孔洞，B_0 上的 γ_{max} 有增大的趋势，这可能是由于越靠近孔洞，γ_{max} 集中越严重。此时，与 $\varepsilon_a=0.0592$ 时相比，剪切带有变陡的趋势，在离孔洞较远的位置，剪切带位置变化不大，而在离孔洞较近的位置，剪切带位置变化大。随着 ε_a 增大，各测线上的 γ_{max} 逐渐增大。

对于 $2^{\#}$土样(图 5-15)，当 $\varepsilon_a=0.0199$ 时，C_0 上的 γ_{max} 分布较均匀，且 γ_{max} 较小；C_1 和 C_2 上的 γ_{max} 分布也较均匀。当 $\varepsilon_a=0.0348$ 时，与 $\varepsilon_a=0.0199$ 时相比，C_0、C_1 和 C_2 上的 γ_{max} 分布较不均匀。此时，随着靠近孔洞，C_1 上的 γ_{max} 有减小的趋势；在离孔洞较远位置，C_1 与土样左上角的应变不均匀区相交，C_1 上的 γ_{max} 受该区域的影响较大，导致离孔洞较远位置的 γ_{max} 较大；随着靠近孔洞，C_2 上的 γ_{max} 呈先增大后减小的趋势。当 $\varepsilon_a=0.0621$ 时，C_0 上的 γ_{max} 分布不均匀，在相同 s 的情况下，C_0 上的 γ_{max} 比 C_1 和 C_2 上的都大。此时，随着靠近孔洞，C_0 上的 γ_{max} 呈先

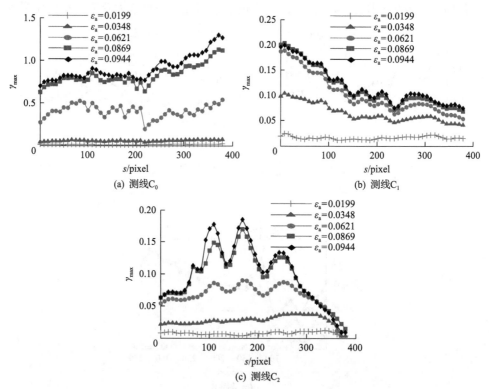

图 5-15　$2^{\#}$土样不同 ε_a 时测线 C_0、C_1 及 C_2 上的 γ_{max}-s 曲线

增大再波动式减小后增大。在孔洞附近($s\geqslant286.5\text{pixel}$)，随着靠近孔洞，$C_0$ 上的 $\gamma_{\max}$ 有增大的趋势，这可能是由于越靠近孔洞 $\gamma_{\max}$ 集中越严重，这说明剪切带 C 是从孔洞表面向外发展的。此时，在孔洞附近($s\geqslant278\text{pixel}$)，随着靠近孔洞表面，$C_1$ 上的 $\gamma_{\max}$ 有减小的趋势，这应与剪切带外弹性应变降低(卸荷)有关。此时，C_2 上的 $\gamma_{\max}$ 呈先增大再波动后减小的趋势，C_2 上 $s=109.5\text{pixel}$、168.5pixel 和 252pixel 处的 $\gamma_{\max}$ 出现了高峰，这应与这些位置附近的剪切带分叉现象有关。此时，在孔洞附近($s\geqslant320.2\text{pixel}$)，随着靠近孔洞，$C_2$ 上的 $\gamma_{\max}$ 有减小的趋势，其原因与 C_1 上的类似。随着 ε_a 增大，各测线上大部分位置的 $\gamma_{\max}$ 逐渐增大。对于 C_2，当 $\varepsilon_a=0.0944$ 时，与 $\varepsilon_a=0.0869$ 时相比，当 $s\leqslant50.5\text{pixel}$ 和当 $s\geqslant278\text{pixel}$ 时，$\gamma_{\max}$ 发生减小，这可能与剪切带外弹性应变降低较大有关。

对于 $8^{\#}$ 土样(图 5-16)，当 $\varepsilon_a=0.0230$ 时，D_0 上的 $\gamma_{\max}$ 分布较均匀，且 $\gamma_{\max}$ 较小，D_1 和 D_2 上的 $\gamma_{\max}$ 分布也较均匀。当 $\varepsilon_a=0.0394$ 时，D_0 上的 $\gamma_{\max}$ 分布仍较均匀，而对于 D_1 和 D_2，随着靠近孔洞，$\gamma_{\max}$ 有增大的趋势。当 $\varepsilon_a=0.0394$ 时，随着靠近孔洞，D_0 上的 $\gamma_{\max}$ 呈先增大后减小的趋势。此时，在孔洞附近($s\geqslant306.5\text{pixel}$)，随着靠近孔洞，$D_1$ 上的 $\gamma_{\max}$ 有减小的趋势，在 $s=306.5\text{pixel}$ 附近，D_1 上的 $\gamma_{\max}$ 较大，而两边的 $\gamma_{\max}$ 都较小，这与这些位置附近的应变不均匀区有关。此时，在孔

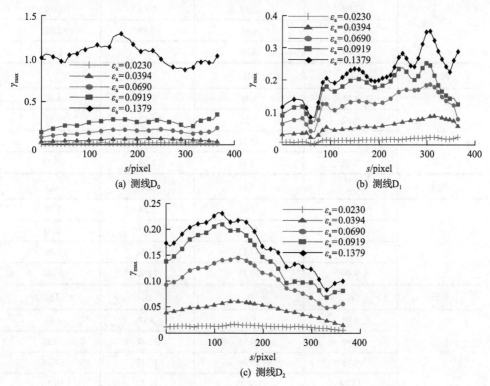

(a) 测线 D_0　　(b) 测线 D_1　　(c) 测线 D_2

图 5-16　$8^{\#}$ 土样不同 ε_a 时测线 D_0、D_1 及 D_2 上的 $\gamma_{\max}$-s 曲线

洞附近($s \geqslant 140.8\text{pixel}$)，随着靠近孔洞，$D_2$ 上的 $\gamma_{\max}$ 有减小的趋势，在 $s=140.8\text{pixel}$ 附近，D_2 上的 $\gamma_{\max}$ 较大，而两边的 $\gamma_{\max}$ 都较小，这与这些位置附近的应变不均匀区有关。当 $\varepsilon_a=0.0690$ 时，D_0 上的 $\gamma_{\max}$ 分布不均匀；D_0 的 $\gamma_{\max}$ 比测线 D_1 和 D_2 上的大；随着靠近孔洞，D_0 上的 $\gamma_{\max}$ 先上升至基本不变再下降后上升。当 $\varepsilon_a=0.0690$ 时，D_0 中部的 $\gamma_{\max}$ 较大，高达 0.1779，这说明剪切带 D 启动于 D_0 中部某一位置，逐渐向外发展。此时，在孔洞附近($s \geqslant 314.8\text{pixel}$)，随着靠近孔洞，测线 D_0 上的 $\gamma_{\max}$ 有上升的趋势，这与孔洞表面附近一定程度的 $\gamma_{\max}$ 集中有关。当 $\varepsilon_a=0.0690$ 时，与 $\varepsilon_a=0.0394$ 时的应变不均匀区相比，剪切带 D 较陡。当 $\varepsilon_a=0.0690$ 时，在孔洞附近($s \geqslant 306.5\text{pixel}$)，随着靠近孔洞，$D_1$ 上的 $\gamma_{\max}$ 有下降趋势，这应与剪切带外弹性应变降低(卸荷)有关。此时，在孔洞附近($s \geqslant 331.3\text{pixel}$)，随着靠近孔洞，$D_2$ 上的 $\gamma_{\max}$ 有增大趋势，这应与孔洞表面附近的应变不均匀区有关。

表 5-5 给出了 4 个土样不同 ε_a 时各测线上的 $\bar{X}(\gamma_{\max})$。可以发现，对于 56# 土

表 5-5 土样不同 ε_a 时不同测线上的 $\bar{X}(\gamma_{\max})$

测线	ε_a	A_0	A_1	A_2
56#	2.45	8.30	0.93	0.77
	3.98	3.86	0.64	1.34
	4.71	4.61	0.59	2.01
	6.04	6.29	0.90	2.93
测线	ε_a	B_0	B_1	B_2
17#	4.84	3.31	1.84	4.07
	5.92	9.55	3.83	9.83
	7.67	42.71	7.25	14.95
	8.84	78.41	8.69	16.13
测线	ε_a	C_0	C_1	C_2
2#	3.48	5.99	6.54	2.78
	6.21	40.29	10.19	6.60
	8.69	82.13	11.54	9.49
	9.44	90.51	11.92	10.02
测线	ε_a	D_0	D_1	D_2
8#	3.94	5.40	5.67	4.44
	6.90	14.58	12.42	10.32
	9.19	25.09	17.12	14.35
	13.79	126.31	21.52	16.86

样，A_0 上的 $\bar{X}(\gamma_{max})$ 远大于 A_1 和 A_2 上的，A_0 上的 $\bar{X}(\gamma_{max})$ 是带外的 $2.15\sim10.78$ 倍；当 $\varepsilon_a=0.0245$ 时，倍数最大；随着 ε_a 增大，A_0 上的 $\bar{X}(\gamma_{max})$ 先减小再增大；A_1 上的 γ_{max} 有类似的演变规律，而 A_2 上的 $\bar{X}(\gamma_{max})$ 一直增大，这应与孔洞右帮偏上发展出的剪切带有关。对于 $17^{\#}$ 土样，B_0 上的 $\bar{X}(\gamma_{max})$ 是带外的 $0.81\sim9.02$ 倍；ε_a 越大，倍数越大；在 B_0 上的 γ_{max} 快速增大的同时，B_1 和 B_2 上的 γ_{max} 也在变化，但变化不大。对于 $2^{\#}$ 土样，C_0 上的 $\bar{X}(\gamma_{max})$ 是带外的 $0.92\sim9.03$ 倍；ε_a 越大，倍数越大；在 C_0 上的 γ_{max} 快速增大的同时，尽管 C_1 和 C_2 上的 γ_{max} 也在变化，但变化不大。对于 $8^{\#}$ 土样，D_0 上的 $\bar{X}(\gamma_{max})$ 是带外的 $0.95\sim7.49$ 倍；ε_a 越大，倍数越高；在 D_0 上的 γ_{max} 快速增大的同时，尽管 D_1 和 D_2 上的 γ_{max} 也在变化，但变化不大。

下面，对孔洞附近和离孔洞较远处测线上的 γ_{max} 演变进行综合分析。

首先，对孔洞表面附近测线上的 γ_{max} 演变进行分析。在剪切带内，当 ε_a 较大时，γ_{max} 随着靠近孔洞而增大，这应与孔洞表面附近的应变集中有关。例如，当 $\varepsilon_a \geqslant 0.0767$ 且当 $s \geqslant 281.7\text{pixel}$ 时，$17^{\#}$ 土样的 B_0。当加载速率较小时，土样中的一些原生缺陷或裂隙能够得到发展，而当加载速率较大时，这些内部缺陷来不及发展。在剪切带外，大多数测线上的 γ_{max} 随着靠近孔洞而逐渐下降，这应与剪切带内损伤导致剪切带外弹性应变降低（卸荷）有关。离孔洞表面越近，带外卸荷程度越大。

然后，对离孔洞较远处测线上的 γ_{max} 演变进行分析。在剪切带内，除了 $17^{\#}$ 土样，当 ε_a 较大时，土样测线上的 γ_{max} 随着靠近孔洞而增大，这与随着靠近孔洞 γ_{max} 的集中程度越大有关。对于 $17^{\#}$ 土样中的剪切带 B，随着靠近孔洞，B_0 上的 γ_{max} 先上下波动后减小，这应与剪切带 B 由土样右上角向孔洞表面发展有关。在剪切带外，测线上的 γ_{max} 随着靠近孔洞的演变较为复杂。例如，随着靠近孔洞，当 $\varepsilon_a \geqslant 0.0484$ 且当 $s \leqslant 48.29\text{pixel}$ 时，$17^{\#}$ 土样的 B_2 上的 γ_{max} 有减小的趋势，当 $\varepsilon_a \geqslant 0.0348$ 且当 $s \leqslant 109.5\text{pixel}$ 时，$2^{\#}$ 土样的 C_2 上的 γ_{max} 有增大的趋势，当 $\varepsilon_a \geqslant 0.0394$ 且当 $s \leqslant 140.8\text{pixel}$ 时，$8^{\#}$ 土样的 D_2 上的 γ_{max} 有增大的趋势。

综上所述，当 ε_a 较大时，在孔洞表面附近，随着靠近孔洞，大多数剪切带内测线上的 γ_{max} 逐渐增大；大多数带外测线上的 γ_{max} 逐渐减小，这与带内损伤导致的带外弹性应变降低有关。当 ε_a 较大时，在离孔洞表面较远处，随着靠近孔洞，大多数剪切带内测线上的 γ_{max} 逐渐增大；带外测线上的 γ_{max} 变化复杂。

5.4 主应变轴偏转角的演变

5.4.1 主应变轴偏转角的计算公式

当剪切带出现的变形较大时，主应变轴可能会发生偏转。根据材料力学，主

应变 ε_1 和 ε_3 与 x 轴正向的夹角 β_0 可由式(5-1)计算：

$$\tan 2\beta_0 = \gamma_{xy}/(\varepsilon_x - \varepsilon_y) \tag{5-1}$$

应当指出，β_0 有两个解：β_1 和 β_3，二者相差 90°，其中 β_1 对应于 ε_1，β_3 对应于 ε_3。当土样垂直方向受压或水平方向围压较小时，在剪切带出现之前，ε_1 在垂直方向上，ε_3 在水平方向上，如图 5-17(a)所示。随后，ε_1 和 ε_3 开始偏离原来的方向。这里，将 β_3 作为主应变轴的偏转角。当 $\beta_3<0$ 时，较大的角为主应变轴偏转角，如图 5-17(b)所示；当 $\beta_3>0$ 时，较小的角为主应变轴偏转角，如图 5-17(c)所示。

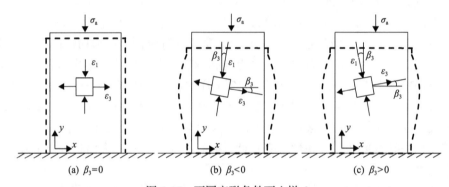

(a) $\beta_3=0$　　　　　　　(b) $\beta_3<0$　　　　　　　(c) $\beta_3>0$

图 5-17　不同变形条件下土样 β_3

图 5-3(b)给出了 6 个土样的 σ_a-ε_a 曲线。由此可以发现，各土样均经历了近似线性阶段和硬化阶段。在土样表面出现肉眼可见的宏观裂纹时，停止实验。所以，土样未来得及经历软化阶段。35#土样、37#土样、40#土样和 67#土样的 σ_a-ε_a 曲线相差较小，这与它们的基本参数和实验条件相似有关。当 $\varepsilon_a \geqslant 0.055$ 时，27#土样的 σ_a-ε_a 曲线在其他土样曲线的上方，这与该土样受到的侧压较大有关。66#土样的 σ_a-ε_a 曲线基本在其他土样曲线的下方，这一结果的正确性是显而易见的，因为内压相当于支护，对土样有增强作用。

图 5-18~图 5-23 分别给出了 67#、35#、40#、37#、27#和 66#土样不同 ε_a 时 $\gamma_{\max}$ 的时空分布。其中，各子图左方和下方的数字分别代表各测点的行数和列数。

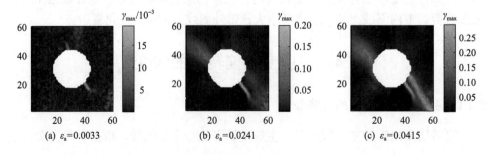

(a) $\varepsilon_a=0.0033$　　　　　　　(b) $\varepsilon_a=0.0241$　　　　　　　(c) $\varepsilon_a=0.0415$

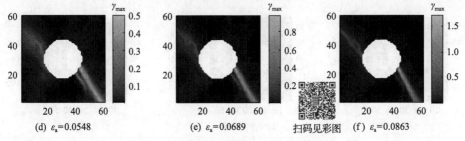

图 5-18　67#土样不同 ε_a 时 γ_{max} 的分布

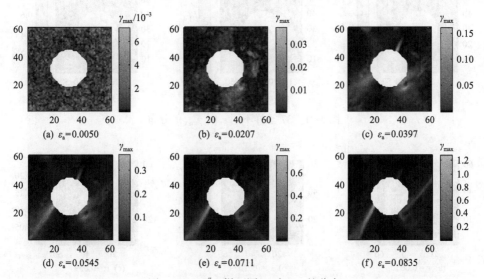

图 5-19　35#土样不同 ε_a 时 γ_{max} 的分布

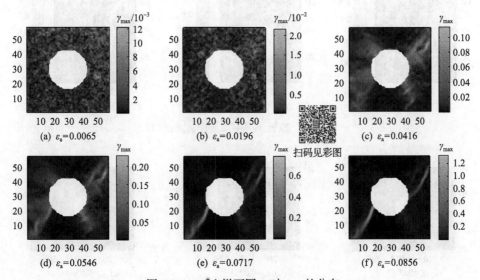

图 5-20　40#土样不同 ε_a 时 γ_{max} 的分布

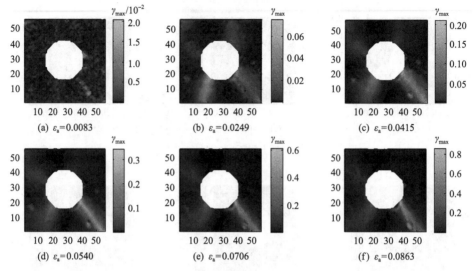

图 5-21 37#土样不同 ε_a 时 γ_{max} 的分布

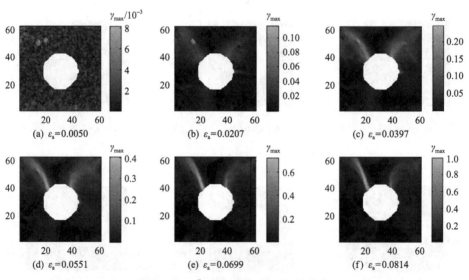

图 5-22 27#土样不同 ε_a 时 γ_{max} 的分布

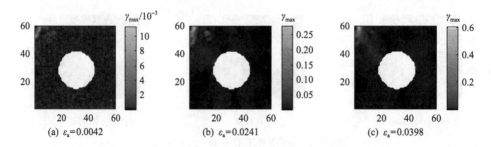

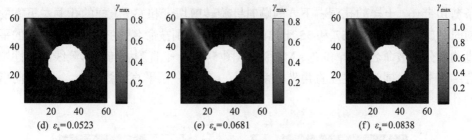

图 5-23　66#土样不同 ε_a 时 γ_{max} 的分布

对于 67#土样（图 5-18），当 ε_a=0.0241 时，在孔洞的右下方，有一条狭长的剪切带出现，而在孔洞的左上方，γ_{max} 呈现了一定的不均匀分布特征。当 ε_a=0.0415 时，在上述剪切带的右侧，一条更狭长、宽阔的剪切带出现，一直发展至土样的右下角，孔洞左上方的 γ_{max} 不均匀分布区也得到了一定程度的发展。当 $\varepsilon_a \geqslant 0.0548$ 时，随着 ε_a 增大，上述首先出现的剪切带不再明显，在其右侧后发展起来的剪切带得到了进一步的发展。与此同时，孔洞左上方的 γ_{max} 不均匀分布区发展成狭长的剪切带。土样发生 "\" 形宏观剪切断裂。

对于 40#土样（图 5-20），当 ε_a=0.0416～0.0546 时，在孔洞的左上方、左下方、右上方及右下方，均可观察到 γ_{max} 不均匀分布区。在整体上，剪切带呈 "X" 形分布。随着 ε_a 增大，最终只有孔洞右上方和左下方的剪切带得到了进一步的发展，并导致土样发生 "/" 形宏观剪切断裂。

对于 27#土样（图 5-22），当 ε_a=0.0207 时，在孔洞的左上方和右上方，有 γ_{max} 不均匀分布区。随着 ε_a 增大，孔洞的左上方和右上方的 γ_{max} 不均匀区的 γ_{max} 不断发展。当 ε_a=0.0814 时，孔洞的左上方的 γ_{max} 集中区发展成狭长的剪切带。土样发生 "\" 形宏观剪切断裂。

限于篇幅，35#土样、37#土样及 66#土样剪切带的发展演变过程不再赘述。

综上所述，随着 ε_a 增大，γ_{max} 的分布由近似均匀分布向不均匀分布转化，并最终导致土样发生宏观剪切断裂。即使在某一变形阶段剪切带呈 "X" 形对称分布，但在后继的变形过程中，只有一部分能得到进一步的发展。

5.4.2　测线上最大剪切应变的时空分布

客观地讲，由图 5-18～图 5-23 只能定性描述剪切带的发展演变。下文，将通过布置测线的方式进一步揭示剪切带的发展演变。

由图 5-18（f）～图 5-23（f）可以发现，狭长剪切带的最终位置是已知的，据此布置通过剪切带内 γ_{max} 高值点的曲折测线，以捕捉剪切带发展过程中剪切带行进路线上不同位置的 γ_{max}。同时，为了比较剪切带内外的 γ_{max}，在布置上述曲折测线的基础上，再在剪切带外布置平直测线。下文，以两个土样为例，从中各选择 1

条剪切带（67#土样的孔洞右下方的顺时针旋转剪切带和 35#土样的孔洞左下方的逆时针旋转剪切带）。67#和 35#土样的曲折测线分别被命名为 P_0 和 M_0，两侧的平直测线分别被命名为 P_1 和 P_2、M_1 和 M_2（图 5-24）。平直测线与曲折测线的线性拟合结果平行。同时，建立直角坐标系 sos'，s 轴与一条平直测线重合，s 轴正向指向孔洞。

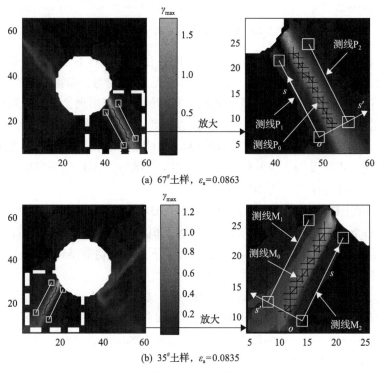

(a) 67#土样，ε_a=0.0863

(b) 35#土样，ε_a=0.0835

图 5-24 剪切带内、外测线的位置

图 5-25 和图 5-26 分别给出了 67#和 35#土样不同 ε_a 时各测线上的 γ_{max}-s 曲线。

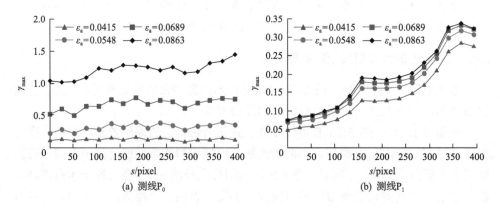

(a) 测线P_0

(b) 测线P_1

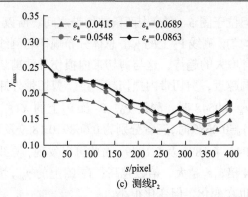

(c) 测线P_2

图 5-25　$67^{\#}$土样不同 ε_a 时测线 P_0、P_1 及 P_2 上的 γ_{max}-s 曲线

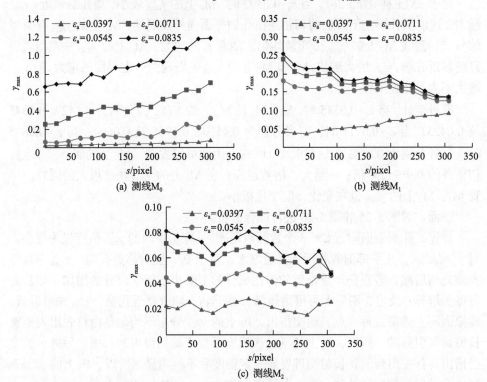

(a) 测线M_0

(b) 测线M_1

(c) 测线M_2

图 5-26　$35^{\#}$土样不同 ε_a 时测线 M_0、M_1 及 M_2 上的 γ_{max}-s 曲线

　　对于 $67^{\#}$土样(图 5-25)，当 $\varepsilon_a=0.0415$ 时，P_0 上的 γ_{max} 分布较均匀，且 γ_{max} 较小，而 P_1 和 P_2 上的 γ_{max} 分布不均匀。根据图 5-24(a)布置的 P_1 恰位于首先出现的狭长剪切带的前进路径上，该剪切带由孔洞向外发展。首先出现的狭长剪切带是引起 P_1 上的 γ_{max} 分布不均匀的原因。下面，对 P_0 上的 γ_{max} 分布较均匀的原因进行解释。由图 5-18(c)和图 5-18(f)可以发现，在土样变形的不同阶段，同一条剪切带的位置会发生微小的调整(随着 ε_a 增大，剪切带有变陡的趋势)。P_0 位于图 5-18(f)

中狭长剪切带上，但位于图 5-18(c)中两条剪切带之间。所以，当 $\varepsilon_a=0.0415$ 时，P_0 上的 γ_{max} 分布较均匀。测线 P_2 上的 γ_{max} 总体分布规律与测线 P_1 上的相反，即随着远离孔洞，γ_{max} 有增大的趋势，这与剪切带内损伤导致剪切带外弹性应变降低（卸荷）有关，离孔洞越近，剪切带内损伤越严重，剪切带外卸荷程度越大。

通过统计，当 $\varepsilon_a=0.0548$ 时，测线 P_0、P_1 及 P_2 上的 $\bar{X}(\gamma_{max})$ 分别为 0.3196、0.1700 及 0.1836；当 $\varepsilon_a=0.0689$ 时，三者分别为 0.6689、0.1829 及 0.1911；当 $\varepsilon_a=0.0863$ 时，三者分别为 1.2045、0.1896 及 0.1929。由此可以发现，测线 P_0 上的 $\bar{X}(\gamma_{max})$ 是剪切带外的 1.7～6.4 倍；ε_a 越大，倍数越高；在 P_0 上的 γ_{max} 快速增大的同时，尽管 P_1、P_2 上的 γ_{max} 也在变化，但变化很小。

对于 35# 土样（图 5-26），当 $\varepsilon_a=0.0397$ 时，M_0 上的 γ_{max} 较小，离孔洞越近，γ_{max} 越大，这说明孔洞左下方的剪切带是由孔洞表面向外发展的；M_1 上的 γ_{max} 有类似的分布；测线 M_2 上的 γ_{max} 分布较均匀。随着 ε_a 的增大，M_0 上的 γ_{max} 快速增大，且越靠近孔洞，γ_{max} 增大越快；M_1 和 M_2 上的 γ_{max} 也表现为一定程度的增大，但 γ_{max} 增大不大，增速变慢。

通过统计，当 $\varepsilon_a=0.0545$ 时，M_0、M_1 及 M_2 上的 $\bar{X}(\gamma_{max})$ 分别为 0.1427、0.1545 及 0.0425；当 $\varepsilon_a=0.0711$ 时，三者分别为 0.4510、0.1765 及 0.0604；当 $\varepsilon_a=0.0835$ 时，三者分别为 0.8889、0.1879 及 0.0689。由此可以发现，M_0 上的 $\bar{X}(\gamma_{max})$ 是剪切带外的 0.9～12.9 倍；ε_a 越大，倍数越高；在 M_0 上的 γ_{max} 快速增大的同时，尽管 M_1、M_2 上的 γ_{max} 也在变化，但变化很小。

下面，对图 5-25 和图 5-26 进行综合分析。

首先，孔洞表面附近（2～3 个数据点范围内）剪切带内的 γ_{max} 演变极为复杂。对于 M_0，γ_{max} 几乎都随着靠近孔洞而增大。对于 P_0，随着靠近孔洞，γ_{max} 一直增大或先增后减；若损伤严重位置的弹性成分的下降小于塑性成分的增加，则前者可得到解释；反之，则后者可得到解释。对于 P_1，随着靠近孔洞，γ_{max} 先增后减，其原因同上述第二种观点。前文指出，P_1 上的 γ_{max} 分布不均匀是由首先出现的狭长剪切带引起的。所以，P_1 上的 γ_{max} 表现有类似于剪切带内的一面。另外，前文已指出，首先出现的狭长剪切带发展一定程度后不再明显。所以，P_1 上的 γ_{max} 表现也有类似于剪切带外的一面，即随着 ε_a 增大，γ_{max} 增大很小。

其次，孔洞表面附近剪切带外的 γ_{max} 演变也较复杂。例如，随着靠近孔洞，M_2 上的 γ_{max} 一直增大或先增后减，P_2 上的 γ_{max} 先减后增，M_1 上的 γ_{max} 一直减小（$\varepsilon_a \geqslant$ 0.0545 时）。这些复杂的表现应该根源于应变弹性成分和塑性成分变化的博弈。

最后，剪切带外的 γ_{max} 分布及演变较为一致。例如，测线 M_1（$\varepsilon_a=0.0397$ 时除外）、M_2（$\varepsilon_a=0.0397$～0.0545 时除外）及 P_2 的结果，即随着远离孔洞，γ_{max} 有增大的趋势，这是共性，这可由剪切带内损伤越严重剪切带外卸荷程度越大解释。应当指出，当 $\varepsilon_a=0.0397$ 时，随着靠近孔洞，M_1 上的 γ_{max} 有增大的趋势，即孔洞表面附近出现应变集中。此时，孔洞左下方的剪切带尚未形成[图 5-19(c)]，M_1 上的 γ_{max} 的弹性成分较高，所以，上述结果的合理性是显而易见的。当 $\varepsilon_a=0.0545\sim$ 0.0835 时，M_1 上的 γ_{max} 分布与 $\varepsilon_a=0.0397$ 时相反，此时，剪切带已经形成。当 $\varepsilon_a=0.0397\sim0.0545$ 时，M_2 上的 γ_{max} 分布较为均匀；当 $\varepsilon_a=0.0711\sim0.0835$ 时，M_2 上的 γ_{max} 分布规律与 M_1、P_2 类似。

5.4.3　测线上主应变轴偏转角的分布及演变

图 5-27 和图 5-28 分别给出了 $67^\#$ 和 $35^\#$ 土样不同 ε_a 时各测线上的 β_3-s 曲线。

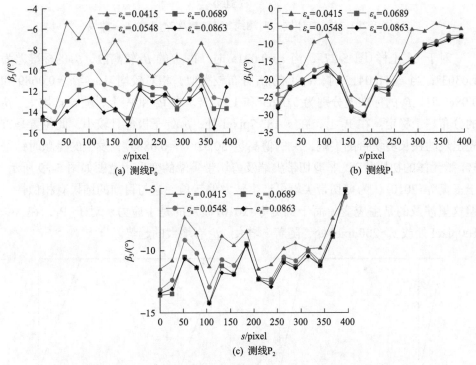

(a) 测线 P_0　　　　　　　　　(b) 测线 P_1

(c) 测线 P_2

图 5-27　$67^\#$ 土样不同 ε_a 时测线 P_0、P_1 及 P_2 上的 β_3-s 曲线

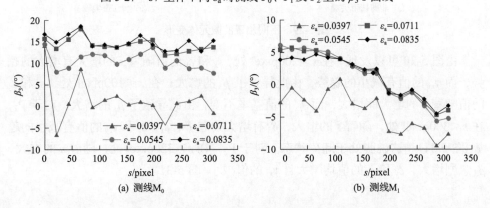

(a) 测线 M_0　　　　　　　　　(b) 测线 M_1

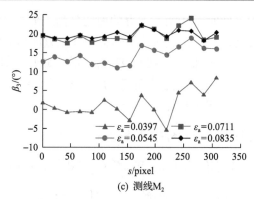

(c) 测线M_2

图 5-28　$35^{\#}$土样不同 ε_a 时测线 M_0、M_1 及 M_2 上的 β_3-s 曲线

对于 $67^{\#}$土样(图 5-27)，当 $\varepsilon_a=0.0415$ 时，P_0 上的 β_3 较离散，β_3 的标准差为 $1.6303°$；当 $\varepsilon_a>0.0415$ 时，P_0 上的 β_3 分布较类似，相对较均匀；当 $\varepsilon_a=0.0689$ 和 0.0863 时，β_3 的标准差分别为 $0.0863°$和 $1.2711°$。在 P_1 和 P_2 上，随着 ε_a 增大，β_3 的分布趋于稳定。在 P_1 上，在 $s=183.7\text{pixel}$ 处，β_3 处于极值且较小，此位置是首先出现的狭长剪切带的尖端，β_3 的值高达 $30.52°(\varepsilon_a=0.0863)$，发生的是顺时针偏转。微元体的初始状态、非剪切带尖端及剪切带尖端的变形示意图如图 5-29 所示。于玉贞等(2010)认为剪切带尖端可产生较大偏转角，这与目前的结果有相似性，但这里涉及的是主应变，而于玉贞等(2010)涉及的是主应力。对于 P_1，在 $s<100\text{pixel}$ 处或 $s>200\text{pixel}$ 处，随着 s 增大，β_3 有增大的趋势。

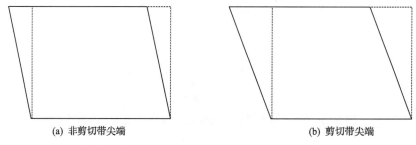

(a) 非剪切带尖端　　　　　　　　　　　　　　　(b) 剪切带尖端

图 5-29　不同位置的微元体变形

由图 5-30 可以发现，在 $s>200\text{pixel}$ 处，ε_x 和 ε_y 的值随着 s 的增大有增大的趋势，而 γ_{xy} 的值有减小的趋势，由此导致了 β_3 的增大；在 $s<100\text{pixel}$ 处，ε_x 和 ε_y 的值随着 s 的增大而增大，而 γ_{xy} 的值基本不变，由此导致了 β_3 的增大。对于 P_2，在 $s<300\text{pixel}$ 处，随着 s 的增大，β_3 有增大的趋势；ε_x、ε_y 和 γ_{xy} 的值有减小的趋势(图 5-31)，这说明处于卸荷状态。对于 P_2，在 $s>320\text{pixel}$ 处，随着 s 的增大，β_3 急剧增大，ε_x 和 ε_y 的值均增大且 γ_{xy} 的值减小(图 5-31)。

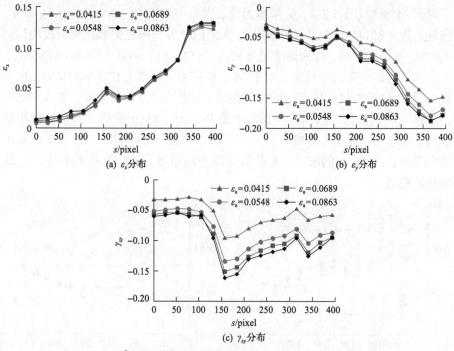

图 5-30　67#土样不同 ε_a 时测线 P_1 上的 ε_x、ε_y 及 γ_{xy} 的分布及演变

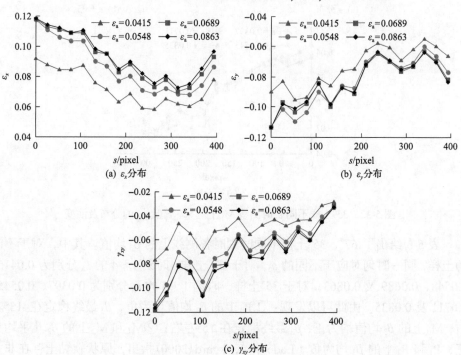

图 5-31　67#土样不同 ε_a 时测线 P_2 上的 ε_x、ε_y 及 γ_{xy} 的分布及演变

对于 35# 土样 (图 5-28)，β_3 基本为正；当 ε_a=0.0397 时，M_0 上的 β_3 较离散，β_3 的标准差为 4.8214°；当 ε_a>0.0397 时，M_0 上的 β_3 分布较类似，相对较均匀；当 ε_a=0.0711 和 0.0835 时，β_3 的标准差分别为 1.5523° 和 1.6601°。在 M_1 和 M_2 上，随着 ε_a 增大，β_3 的分布趋于稳定。对于 M_1，β_3 随着 s 的增大有减小的趋势，由正变为负，即 β_3 由逆时针偏转变为顺时针偏转；由图 5-32 可以发现，当 ε_a≥0.0545 时，ε_x 和 ε_y 的值随着 s 的增大有减小的趋势，而 γ_{xy} 由正变负，其值先减小后增大。对于 M_2，β_3 随着 s 的增大变化不明显；由图 5-33 可以发现，当 ε_a=0.0711 和 0.0835 时，随着 s 的增大，ε_x 的值有减小的趋势，ε_y 的值基本不变，γ_{xy} 的值有减小的趋势。

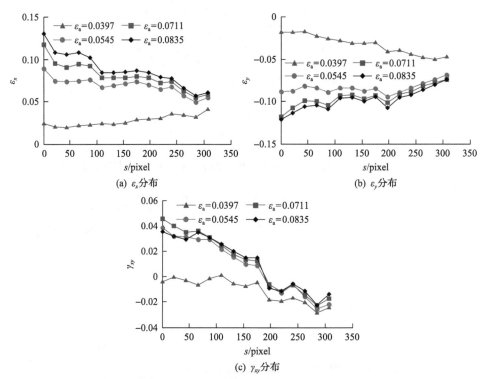

(a) ε_x 分布　　　　　　　(b) ε_y 分布

(c) γ_{xy} 分布

图 5-32　35# 土样不同 ε_a 时测线 M_1 上的 ε_x、ε_y 及 γ_{xy} 的分布及演变

表 5-6 给出了 67#、35# 土样不同时刻时各测线上的 β_3 均值。其中，对于不同的土样，同一时刻对应于不同的 ε_a，对于 67# 土样，时刻 1~4 的 ε_a 分别为 0.0415、0.0548、0.0689 及 0.0863；对于 35# 土样，时刻 1~4 的 ε_a 分别为 0.0397、0.0545、0.0711 及 0.0835。由此可以发现：①P_0 上的 β_3 均值均为负，β_3 最终稳定在 –13° 左右，M_0 上的 β_3 均值均为正，β_3 最终稳定在 15° 左右；②M_1 和 M_2 上的 β_3 几乎均为正，P_1 和 P_2 上的 β_3 均为负。Lade 和 Kirkgard (2000) 指出，原状软黏土存在非共轴现象，非共轴角最大甚至可达 20.6°，这与目前的结果有类似之处。

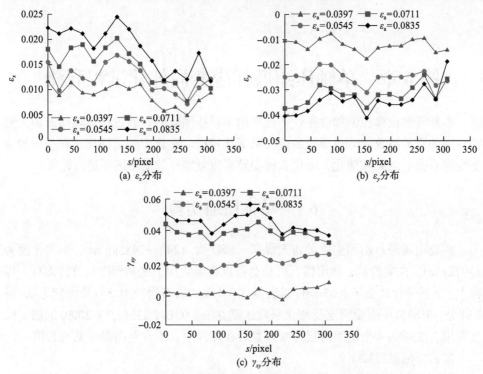

图 5-33　$35^\#$土样不同 ε_a 时测线 M_2 上的 ε_x、ε_y 及 γ_{xy} 的分布及演变

表 5-6　剪切带内、外测线上的 β_3 均值

土样编号	测线编号	β_3 均值/(°)			
		时刻 1	时刻 2	时刻 3	时刻 4
$67^\#$	P_0	−8.4418	−11.7809	−13.0539	−13.4030
	P_1	−14.0868	−18.0551	−19.0852	−19.2204
	P_2	−9.4468	−10.6544	−11.1362	−11.2284
$35^\#$	M_0	1.2646	10.5410	14.1540	14.8600
	M_1	−4.2594	1.2356	1.4006	1.2212
	M_2	1.4085	14.2669	19.5555	19.7365

第6章　单轴压缩煤样应变局部化过程观测

本章开展位移控制加载条件下煤样的单轴压缩实验。通过计算煤样的最大剪切应变的变异系数，分析煤样的应变局部化特征。对比应变局部化过程中三种应变变异系数的发展和演化。采用五种变异系数对煤样的变形破坏进行评价。

6.1　单轴压缩实验

实验用煤采自山西安家岭露天煤矿，密度为 $1243\sim1485\mathrm{kg/m^3}$，平均密度为 $1392\mathrm{kg/m^3}$。在实验室，利用锯石机和磨石机将煤块加工成非标准长方体煤样。煤样上、下不平行度小于 0.05mm，这满足规程《煤和岩石物理力学性质测定方法　第 7 部分：单轴抗压强度测定及软化系数计算方法》(GB/T 23561.7—2009)的加工精度要求。煤样的 4 个侧面与层理面垂直。在煤样中，不含有肉眼可见的裂隙。

实验详细过程如下。

(1)制作人工散斑场。在煤样的一个最大表面(其面积=高度×宽度)涂上白色颜料，并喷涂黑色的细小随机斑点。该表面是观测表面。

(2)光学测量系统搭建、调试及标定。将三脚架置于观测表面的前方，通过螺栓将数码相机固定在三脚架的平台上，并将煤样置于试验机的下压头上。数码相机镜头距观测表面 0.8m，镜头的轴线垂直通过观测表面中心，将一把薄钢尺(用于标定图像中像素与长度之间的关系)直立放置在煤样的左侧或右侧，使钢尺所在的平面与观测表面在同一个平面内，并确保钢尺不对该表面进行遮挡。

(3)利用笔记本电脑启动数码相机拍摄煤样未受载条件下的图像，将其作为参考图像，数码相机型号为 Canon IXUS 1000HS，分辨率为 1824pixel×1368pixel，采集速率为 9 帧/s。

(4)利用微机控制电液伺服试验机对煤样进行单轴压缩实验，同时，利用数码相机拍摄图像。试验机型号为 YAW-2000，等速率控制精度±1%。1#煤样的加载速率为 0.18mm/min，其余均为 0.6mm/min。单轴压缩煤样加载及观测系统如图 6-1 所示。

当煤样中宏观裂纹已非常明显时，停止实验。表 6-1 给出了实验所用煤样的尺寸、单轴抗压强度 σ_c 和应变局部化出现时的应力 σ'，"—"代表观测表面较早发生崩出或弹射，这导致未能捕捉到应变局部化。

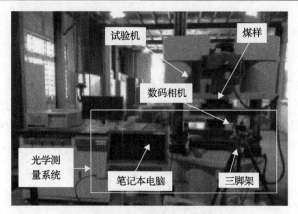

图 6-1　单轴压缩煤样加载及观测系统

表 6-1　煤样的基本信息

编号	高度×宽度×厚度 /(cm×cm×cm)	单轴抗压强度 σ_c /MPa	应变局部化出现时的应力 σ' /MPa	σ'/σ_c
1#	7.9×6.1×2.5	23.09	—	—
2#	8.3×6.1×2.7	16.95	2.34	0.14
3#	8.2×6.1×2.1	19.86	—	—
4#	7.8×6.2×3.6	14.49	1.77	0.12
5#	8.1×6.1×1.8	23.09	—	—
6#	8.0×6.2×2.1	18.33	4.64	0.25
7#	7.8×6.2×1.7	16.32	—	—
8#	5.8×4.9×1.9	22.52	2.33	0.10
9#	5.3×5.0×2.4	17.47	9.79	0.56
10#	4.8×4.8×2.1	19.89	11.06	0.56
11#	5.8×5.1×2.1	12.75	—	—
12#	5.8×5.0×2.5	18.50	6.40	0.35
13#	5.0×5.4×2.7	17.57	9.76	0.56
14#	5.0×4.7×2.5	25.55	—	—

　　对于每个煤样，采集了 1000～2000 张图像。对每张图像均进行计算并无必要。在重点关注的阶段，多选择图像即可。为了准确确定应变局部化何时启动，采用如下方法：首先，从每个煤样的全部图像中按等时间间隔选取一定数目的图像，如 20～30 张，计算位移场和应变场，以粗略地判断应变局部化何时发生；其次，在发生应变局部化的图像前后之间，选取一定数量的图像，通过计算位移场和应变场以进一步缩小应变局部化启动的范围，直至前一张图像未出现应变局部化，即可完全确定应变局部化启动时刻。最后，在此之前(包括应变局部化启动)和之后，分别选择一些图像进行应变场统计。

6.2　变异系数计算公式

变异系数是统计学中反映变量测试值偏离均值程度的统计量，具有广泛的应用。例如，可用于评价声发射信号的波动剧烈程度和参数的非均质性等。变异系数越大，代表测试值的离散程度越大。变异系数 C_v 定义为变量的标准差 S 与其均值 $\bar{X}$ 的比值（王晓青等，1999；陈学忠等，2000；王凯英等，2002），公式为

$$C_v = \frac{S}{\bar{X}} \tag{6-1}$$

6.3　应变局部化过程中最大剪应变场的变异系数

煤样的应变场的计算过程如下：首先，在参考图像上布置成行成列的等间隔测点；其次，利用第 2 章提出的基于 PSO 和 N-R 迭代的粗-细方法获得各测点的位移，形函数为一阶；最后，通过对位移场进行中心差分获得水平线应变 ε_x 和垂直线应变 ε_y、剪切应变 γ_{xy}，进而获得最大剪切应变 γ_{max}。γ_{max} 常用来描述应变局部化。在应变局部化出现之后，γ_{max} 呈明显的不均匀分布，γ_{max} 的离散程度与应变局部化出现之前相比更大。

当煤样的纵向应变 ε_a 不同时，利用式 (6-1)，即可获得 $C_v(\gamma_{max})$ 随着 ε_a 的演变规律。每张图像的结果对应于 σ_a-ε_a 曲线上的一个点。

图 6-2～图 6-6 分别给出了 13# 煤样的结果。图 6-7～图 6-12 分别给出了 2#、3#、4#、6#、8# 和 11# 煤样的结果，限于篇幅，其他煤样的结果未给出。应当指出，除了图 6-3 外，测点间距为 21pixel 且子区尺寸为 31pixel×31pixel。图 6-2 (a) 及图 6-7～图 6-12 中 (a) 给出了煤样的 σ_a-ε_a 曲线和 $C_v(\gamma_{max})$-ε_a 曲线。图 6-2 (b)～(i)

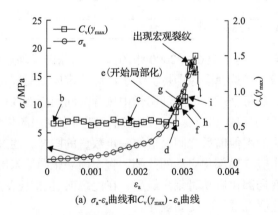

(a) σ_a-ε_a 曲线和 $C_v(\gamma_{max})$-ε_a 曲线

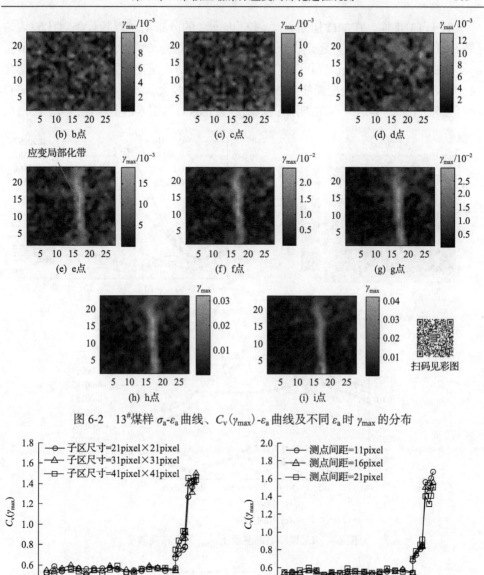

图 6-2　13#煤样 σ_a-ε_a 曲线、$C_v(\gamma_{max})$-ε_a 曲线及不同 ε_a 时 γ_{max} 的分布

图 6-3　子区尺寸及测点间隔对 $C_v(\gamma_{max})$ 演变的影响(13#煤样)

及图 6-7～图 6-12 中的 (b)～(i) 分别给出了 8 个不同 ε_a 时 γ_{max} 的分布,分别与图 6-2 (a) 及图 6-7～图 6-12 中 (a) 的 b～i 点相对应。例如, 图 6-2 (b) 与图 6-2 (a) 中 b 点相对应,图 6-2 (c) 与图 6-2 (a) 中 c 点相对应,以此类推。为了使图 6-2 (a) 及图 6-7 (a)～图 6-12 (a) 中清晰,仅在 $C_v(\gamma_{max})$-ε_a 曲线上标明了 b～i 点。

　　对于 13# 煤样，在加载初期，γ_{max} 较小，γ_{max} 的分布呈斑点状且相对比较均匀 [图 6-2(b)～(d)]；$C_v(\gamma_{max})$ 稳定在 0.5～0.6，基本上不随 ε_a 的增大而改变 [图 6-2(a)]；σ_a-ε_a 曲线呈上凹特点 [图 6-2(a)]。随后，在几乎垂直方向上出现了狭窄的应变局部化带 [图 6-2(e)]。此时，应变局部化带尚较模糊，带宽较大，带外 γ_{max} 的分布仍呈斑点状，但斑点不如图 6-2(b)～(d)明显；$C_v(\gamma_{max})$ 为 0.699，与图 6-2(d)相比，突增了 0.16，

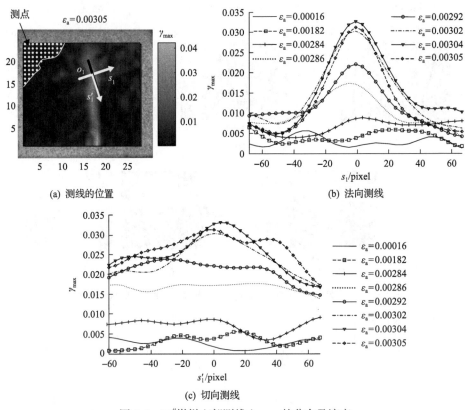

(a) 测线的位置　　　　　　　　　　　(b) 法向测线

(c) 切向测线

图 6-4　13# 煤样上部测线上 γ_{max} 的分布及演变

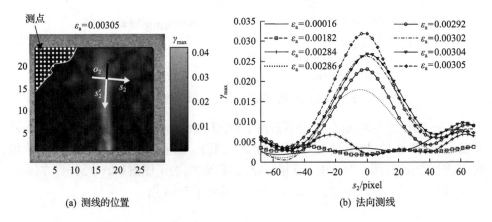

(a) 测线的位置　　　　　　　　　　　(b) 法向测线

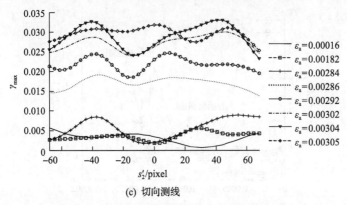

(c) 切向测线

图 6-5　13#煤样中部测线上 γ_{max} 的分布及演变

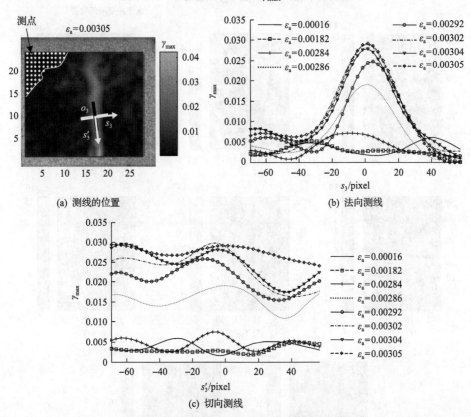

(a) 测线的位置

(b) 法向测线

(c) 切向测线

图 6-6　13#煤样下部测线上 γ_{max} 的分布及演变

显然，$C_v(\gamma_{max})$ 的突增是由应变局部化引起的；σ'=9.76MPa，σ'/σ_c=0.56。随后，随着 ε_a 增大，应变局部化带逐渐变得清晰，带宽有变窄的趋势，带外的斑点逐渐不明显 [图 6-2(f)～(i)]，这表明应变越来越集中于狭窄区域，同时，应变局部化带的纵向尺寸有所增加，$C_v(\gamma_{max})$ 有增大的趋势，σ_a 增至峰值后不降，煤样经历应变软化过程。

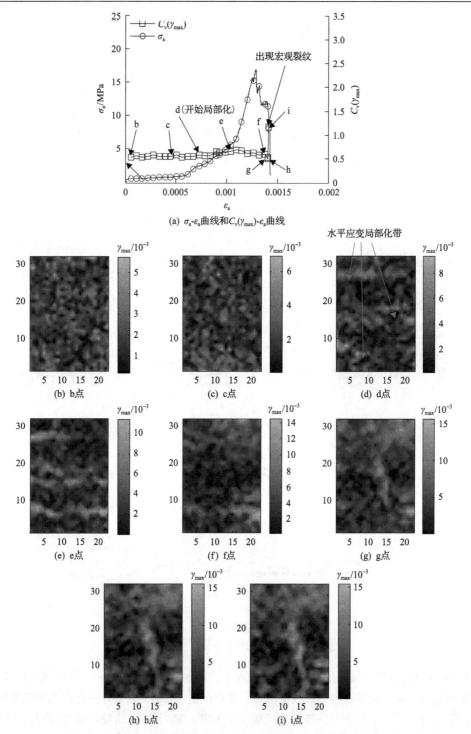

(a) σ_a-ε_a曲线和$C_v(\gamma_{max})$-ε_a曲线

(b) b点　　　(c) c点　　　(d) d点

(e) e点　　　(f) f点　　　(g) g点

(h) h点　　　(i) i点

图 6-7　$2^{\#}$煤样 σ_a-ε_a 曲线及 $C_v(\gamma_{max})$-ε_a 曲线及不同 ε_a 时 γ_{max} 的分布

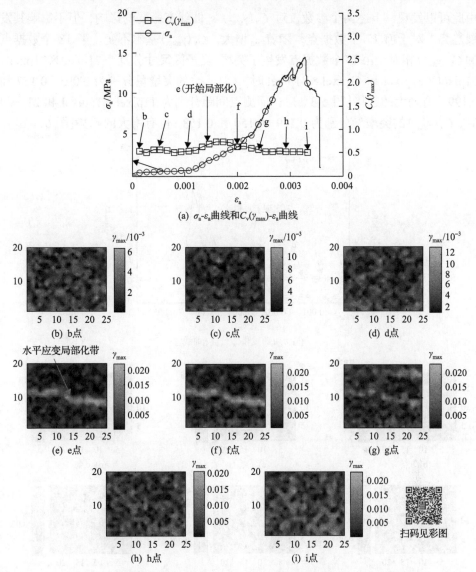

图 6-8　$4^\#$ 煤样 σ_a-ε_a 曲线及 $C_v(\gamma_{max})$-ε_a 曲线及不同 ε_a 时 γ_{max} 的分布

应当指出，图 6-2 及图 6-7～图 6-12 中的 γ_{max} 和 $C_v(\gamma_{max})$ 是测点间距和子区尺寸为特定值时的结果；子区尺寸及测点间距会对应变局部化带的测量结果产生一定的影响。例如，随着子区尺寸的增加，应变局部化带的宽度有增大的趋势（Rechenmacher et al.，2011）。为此，有必要考察 $C_v(\gamma_{max})$-ε_a 曲线及其发展趋势是否受上述两个参数的影响。

图 6-3 给出了子区尺寸和测点间距的影响。应当指出，子区尺寸=21pixel×21pixel～41pixel×41pixel，这符合有关文献的建议（Rechenmacher et al.，2011）。

由此可以发现，上述两个参数仅对 $C_v(\gamma_{max})$-ε_a 曲线有微弱的影响，但不影响其发展趋势。对于前 17 个数据点，随着 ε_a 增大，$C_v(\gamma_{max})$ 基本不变。第 18 个数据点的 $C_v(\gamma_{max})$ 相对于第 17 个数据点发生了突增。当子区尺寸分别为 21pixel×21pixel、31pixel×31pixel 和 41pixel×41pixel 时，$C_v(\gamma_{max})$ 的突增量分别为 0.093、0.157 和 0.199，有增大的趋势 [图 6-3(a)]；而测点间距分别为 11pixel、16pixel 和 21pixel 时，$C_v(\gamma_{max})$ 的突增量分别为 0.129、0.150 和 0.158，也有增大的趋势 [图 6-3(b)]。

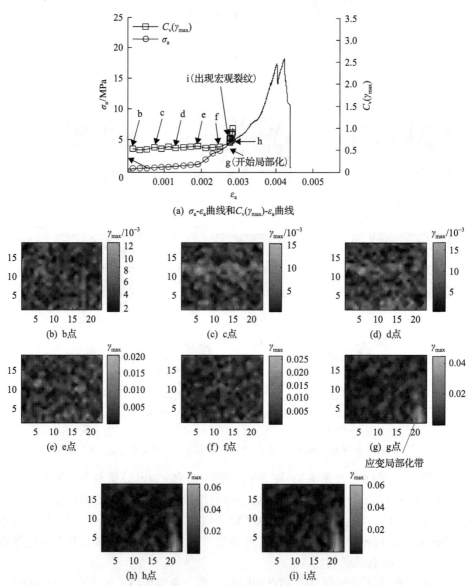

图 6-9　6#煤样 σ_a-ε_a 曲线及 $C_v(\gamma_{max})$-ε_a 曲线及不同 ε_a 时 γ_{max} 的分布

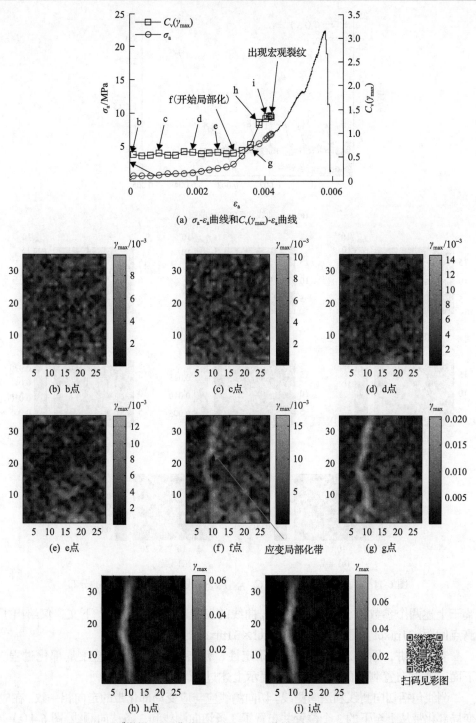

(a) σ_a-ε_a曲线和$C_v(\gamma_{max})$-ε_a曲线

(b) b点　　　(c) c点　　　(d) d点

(e) e点　　　(f) f点　　　(g) g点

(h) h点　　　(i) i点

扫码见彩图

图 6-10　$8^\#$煤样 σ_a-ε_a 曲线及 $C_v(\gamma_{max})$-ε_a 曲线及不同 ε_a 时 γ_{max} 的分布

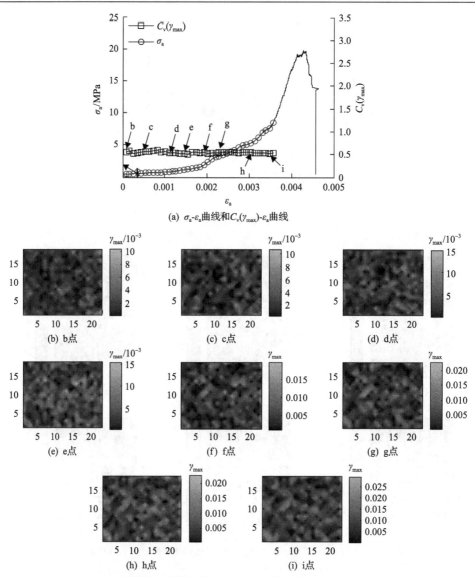

图 6-11　3#煤样 σ_a-ε_a 曲线及 $C_v(\gamma_{max})$-ε_a 曲线及不同 ε_a 时 γ_{max} 的分布

鉴于上述两个参数不会对 $C_v(\gamma_{max})$-ε_a 曲线的发展趋势产生影响。下文，仅给出了测点间距=21pixel 且子区尺寸=31pixel×31pixel 的结果。

　　客观地讲，图 6-2(b)～(i)仅适于定性、粗略地分析煤样的应变局部化过程。下面，通过布置测线的方式进一步揭示上述过程。

　　测线包括切向测线和法向测线。切向测线应与应变局部化带的走向相一致。在应变局部化带从上至下的 3 个位置共布置了 3 条切向测线和 3 条法向测线[图 6-4(a)、图 6-5(a)和图 6-6(a)]，并用 s_i 和 s_i' 分别表示法向坐标和切向坐标，i=1～3。

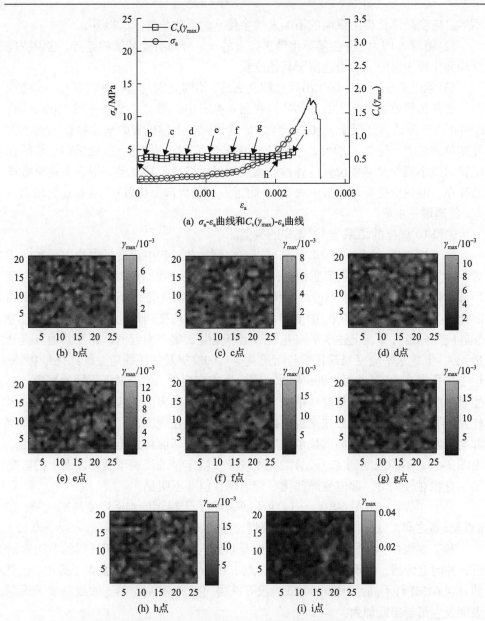

图 6-12　11#煤样 σ_a-ε_a 曲线及 $C_v(\gamma_{max})$-ε_a 曲线及不同 ε_a 时 γ_{max} 的分布

由图 6-4(b)、(c)，图 6-5(b)、(c) 以及图 6-6(b)、(c) 可以发现：

(1) 在应变局部化出现之后，γ_{max}-s_i 曲线并非严格左右对称，γ_{max}-s_i' 曲线也并非均匀。前者可能和煤的非均质性有关。应变局部化带法向上的 γ_{max} 分布并非严格左右对称与有关的理论解及数值解(De Borst and mühlhaus，1992)有所不同。后者意味着应变局部化带沿纵向不断发展，损伤严重的位置 γ_{max} 应较大，反之，则不然。应变局部化带沿纵向的不断发展会使 $\gamma_{\max}$ 低的位置 $\gamma_{\max}$ 提升。

(2)随着 ε_a 增大，应变局部化带法向上的 $\gamma_{\max}$ 分布有变陡峭的趋势，这说明应变局部化带中央的 $\gamma_{\max}$ 增速快于其他位置。

(3)无论是在应变局部化出现之前及之后，不同 ε_a 时 $\gamma_{\max}$-s_i 曲线和 $\gamma_{\max}$-s_i' 曲线都可能在某些位置发生重叠。例如，在图 6-4(c) 中，当 s_i'=−5.21～25.23pixel 时，ε_a=0.00305 时的 $\gamma_{\max}$ 低于 ε_a=0.00304 时。这说明，上述位置的 $\gamma_{\max}$ 随着 ε_a 的增大并非单调递增。随着 ε_a 增大，应变场的调整或应力波的传播、应变局部化带所在位置的微小调整及某些位置的弹性卸载局部可能造成上述现象。尽管上述重叠现象存在，但在应变局部化带中央(s_i=0 附近及 s_i' 的大部分位置)，随着 ε_a 的增大，$\gamma_{\max}$ 的递增是主流。

9#和 10#煤样的结果与 13#煤样的类似。

对于 2#煤样，由图 6-7(b)～(i)可以观察到加载过程中应变场由均匀分布向相对不均匀分布转化。特别需要指出，由图 6-7(d)～(f)可以观察到，若干水平应变局部化带；随后，由图 6-7(g)～(i)可以观察到由煤样中部向下发展的倾斜应变局部化带。和 13#煤样的结果(图 6-2)相比，2#煤样的应变局部化带不清晰。通过考察各应变分量可知，上述水平应变局部化带是由 ε_y 集中引起的，而与其他应变分量无关。上述水平应变局部化带与席道英等(2008)提及的压缩应变局部化带(常发生于多孔岩石中)有类似之处，例如，同为压应变集中，但应属于不同的现象。上述水平应变局部化带应是煤样中破坏面内传播至观测表面引起的。也就是说，煤样发生了复杂的破坏，最先出现的破坏面没有出现在观测表面上。上述由煤样中部向下发展的倾斜应变局部化带也应是由煤样中破坏面传播至观测表面引起的。由图 6-7(a)不能观察到 $C_v(\gamma_{\max})$ 的突增现象，这定量地说明了观测表面上的应变场一直相对较均匀，即应变局部化尽管出现，但并不明显。

对于 4#煤样，由图 6-8(e)～(g)可以观察到若干模糊的水平应变局部化带；在 d 点至 e 点之间，$C_v(\gamma_{\max})$ 发生了微弱的突增，e 点的 σ'(1.77MPa) 尚较低，σ'/σ_c=0.12。

对于 6#煤样，由图 6-9(g)～(i)可以观察到应变局部化带位于煤样的右边界附近，并向上传播；出现应变局部化带之后，$C_v(\gamma_{\max})$ 和之前相比发生了突增，g 点的 σ'(4.64MPa) 不高，σ'/σ_c=0.25。没有获得完整的 $C_v(\gamma_{\max})$-ε_a 曲线是由于观测表面发生了崩出或弹射。

对于 8#煤样，由图 6-10(f)可以观察到一条模糊、弯曲、大致走向沿纵向的应变局部化带，f 点的 σ'(2.33MPa) 尚较低，σ'/σ_c=0.10。随后，随着 ε_a 增大，应变局部化带逐渐清晰，$C_v(\gamma_{\max})$ 不断增大。出现应变局部化带之后，$C_v(\gamma_{\max})$ 和之前相比有较大增大，$C_v(\gamma_{\max})$-ε_a 曲线不完整的原因同 6#煤样。

12#煤样的结果类似于 6#和 8#煤样的结果。

对于 3#煤样，由图 6-11 未能观察到应变局部化，这是由于当 σ_a=8.43MPa 时观测表面发生了崩出或弹射，散斑场被破坏。在散斑场被破坏之前，$C_v(\gamma_{max})$ 始终是稳定的。

对于 11# 煤样，由图 6-12 亦未观察到应变局部化，亦是由于观测表面发生了崩出或弹射；$C_v(\gamma_{max})$ 随着 ε_a 增大变化不明显。1#、5#、7# 和 14# 煤样的结果类似于 3# 和 11# 煤样的结果。

通过上述分析，可将 14 个煤样划分成三大类：第一大类包括 9#、10# 和 13# 煤样；第二大类包括 2#、4#、6#、8# 和 12# 煤样；第三大类包括 1#、3#、5#、7#、11# 和 14# 煤样。对于第一大类煤样，应变局部化带经历模糊到清晰的过程，$C_v(\gamma_{max})$ 发生突增，σ'/σ_c 为 0.56，这高于其他煤样，观测表面未发生崩出或弹射。对于第三大类煤样，在散斑场被破坏之前没有观察到应变局部化，这并不代表煤样中没有发生破坏。为了使 $C_v(\gamma_{max})$ 能有效地表征煤样的破坏前兆，应获得长方体煤样各侧面的应变场，这有待于进一步研究。对于第二大类煤样，观察到了不同程度的应变局部化，但 $C_v(\gamma_{max})$ 表现各异：对于出现水平应变局部化带的 2# 和 4# 煤样，$C_v(\gamma_{max})$ 未发生突增或仅发生了微弱的突增；对于 6#、8# 和 12# 煤样，$C_v(\gamma_{max})$ 发生了不同程度的突增，应变局部化明显的煤样 $C_v(\gamma_{max})$ 发生了明显的突增，观测表面的崩出和弹射在应变局部化出现之后时有发生。

6.4　应变局部化过程中三种变异系数的对比

为了表述方便，这里对各种图片进行统一说明。

图 6-13～图 6-18 分别给出了 13#、10# 和 9# 煤样的各种结果，其中，图 6-15(b)～(i) 和图 6-17(b)～(i) 是 γ_{max} 的结果，图 6-13(b)～(i) 和图 6-14(b)～(i) 分别是第三主应变 ε_3 和第一主应变 ε_1 的结果，图 6-15(a) 和图 6-17(a) 给出了煤样的 σ_a-ε_a 曲线和 $C_v(\gamma_{max})$-ε_a 曲线，图 6-13(a)、图 6-16(a) 和图 6-18(a) 给出了煤样的 σ_a-ε_a 曲线和 $C_v(\varepsilon_3)$-ε_a 曲线，图 6-14(a)、图 6-16(b) 和图 6-18(b) 给出了煤样的 σ_a-ε_a 曲线和 $C_v(\varepsilon_1)$-ε_a 曲线。图 6-13(b)～(i) 中的任一个结果分别与图 6-13(a) 中的 b～i 点相对应。为了使图 6-13(a) 清晰，仅在各变异系数随 ε_a 演变的曲线上标明了 b～i 点，例如，图 6-13(b) 与图 6-13(a) 中 b 点相对应，图 6-13(c) 与图 6-13(a) 中 c 点相对应，以此类推。在图 6-14、图 6-15 和图 6-17 中，也是如此。应当指出，13# 煤样 σ_a-ε_a 曲线及 $C_v(\gamma_{max})$-ε_a 曲线及不同 ε_a 时 γ_{max} 的分布已在图 6-2 中给出。

在图 6-13(b)～(i)、图 6-15(b)～(i) 和图 6-17(b)～(i) 中各子图下方和左方的数字是测点的列数和行数。

在加载初期，γ_{max} 较小，γ_{max} 的分布呈斑点状或块状且相对比较均匀，如图 6-2(b)～(d)、图 6-15(b)～(e) 和图 6-17(b)～(e) 所示；ε_3 的分布与 γ_{max} 类似，如图 6-13(b)～(d) 所示；ε_1 的分布比较均匀，如图 6-14(b)～(d) 所示。在此阶段，

$C_v(\gamma_{max})$基本不随着 ε_a 的增大而改变，稳定在 0.5～0.6[图 6-15(a)]；$C_v(\varepsilon_3)$ 先基本不变，后稍有增大，在 0.08～1.29，如图 6-13(a) 所示；$C_v(\varepsilon_1)$ 有增大趋势，波动较大，如图 6-14(a) 所示；σ_a 随 ε_a 的增大呈上凹特点，快速增大[图 6-13(a)]。

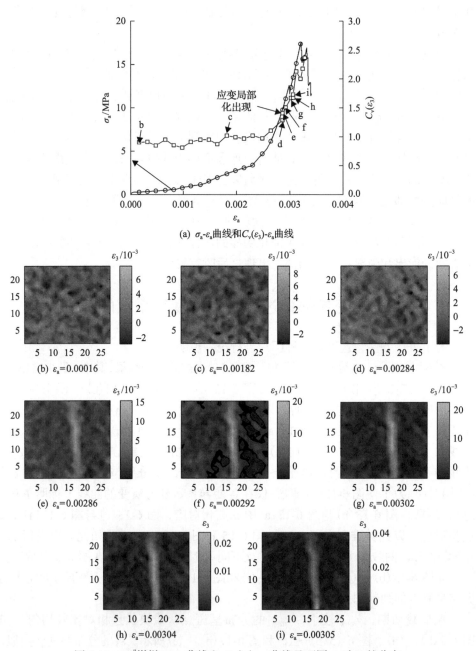

(a) σ_a-ε_a 曲线和 $C_v(\varepsilon_3)$-ε_a 曲线

(b) ε_a=0.00016

(c) ε_a=0.00182

(d) ε_a=0.00284

(e) ε_a=0.00286

(f) ε_a=0.00292

(g) ε_a=0.00302

(h) ε_a=0.00304

(i) ε_a=0.00305

图 6-13　13#煤样 σ_a-ε_a 曲线和 $C_v(\varepsilon_3)$-ε_a 曲线及不同 ε_a 时 ε_3 的分布

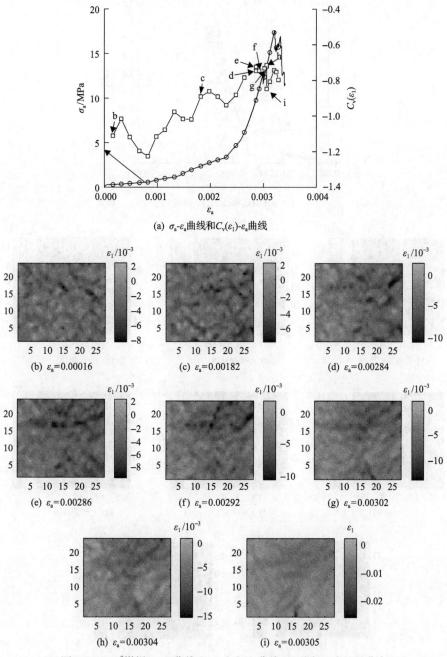

(a) σ_a-ε_a曲线和$C_v(\varepsilon_1)$-ε_a曲线

(b) ε_a=0.00016

(c) ε_a=0.00182

(d) ε_a=0.00284

(e) ε_a=0.00286

(f) ε_a=0.00292

(g) ε_a=0.00302

(h) ε_a=0.00304

(i) ε_a=0.00305

图 6-14　13#煤样 σ_a-ε_a 曲线和 $C_v(\varepsilon_1)$-ε_a 曲线及不同 ε_a 时 ε_1 的分布

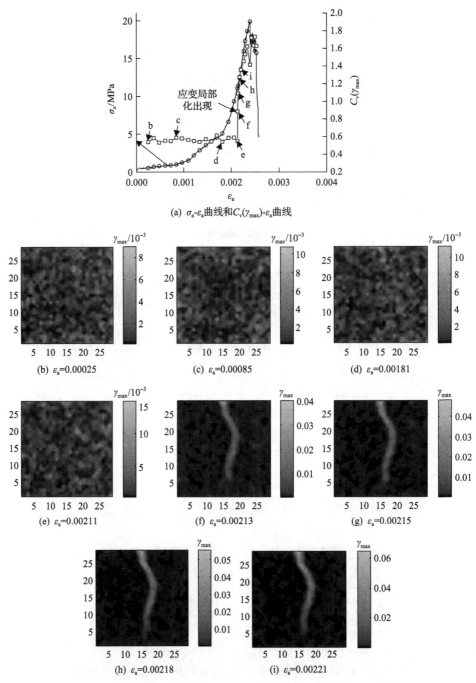

(a) σ_a-ε_a曲线和$C_v(\gamma_{max})$-ε_a曲线

(b) $\varepsilon_a=0.00025$

(c) $\varepsilon_a=0.00085$

(d) $\varepsilon_a=0.00181$

(e) $\varepsilon_a=0.00211$

(f) $\varepsilon_a=0.00213$

(g) $\varepsilon_a=0.00215$

(h) $\varepsilon_a=0.00218$

(i) $\varepsilon_a=0.00221$

图 6-15　$10^{\#}$煤样 σ_a-ε_a 曲线和 $C_v(\gamma_{max})$-ε_a 曲线及不同 ε_a 时 γ_{max} 的分布

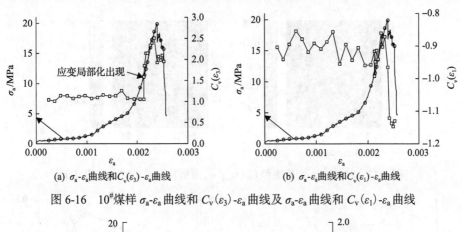

(a) σ_a-ε_a曲线和$C_v(\varepsilon_3)$-ε_a曲线　　　　　(b) σ_a-ε_a曲线和$C_v(\varepsilon_1)$-ε_a曲线

图 6-16　10#煤样 σ_a-ε_a 曲线和 $C_v(\varepsilon_3)$-ε_a 曲线及 σ_a-ε_a 曲线和 $C_v(\varepsilon_1)$-ε_a 曲线

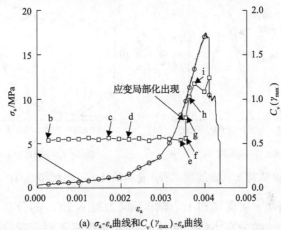

(a) σ_a-ε_a曲线和$C_v(\gamma_{max})$-ε_a曲线

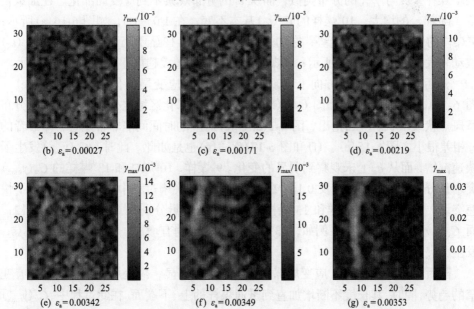

(b) ε_a=0.00027　　　　(c) ε_a=0.00171　　　　(d) ε_a=0.00219

(e) ε_a=0.00342　　　　(f) ε_a=0.00349　　　　(g) ε_a=0.00353

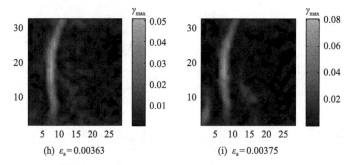

(h) $\varepsilon_a = 0.00363$　　　　　　(i) $\varepsilon_a = 0.00375$

图 6-17　$9^\#$煤样 σ_a-ε_a 曲线和 $C_v(\gamma_{\max})$-ε_a 曲线及不同 ε_a 时 $\gamma_{\max}$ 的分布

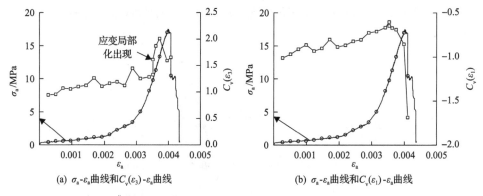

(a) σ_a-ε_a曲线和$C_v(\varepsilon_3)$-ε_a曲线　　　　(b) σ_a-ε_a曲线和$C_v(\varepsilon_1)$-ε_a曲线

图 6-18　$9^\#$煤样 σ_a-ε_a 曲线和 $C_v(\varepsilon_3)$-ε_a 曲线及 σ_a-ε_a 曲线和 $C_v(\varepsilon_1)$-ε_a 曲线

应当指出，限于篇幅，$9^\#$煤样和 $10^\#$煤样不同 ε_a 时 ε_3 和 ε_1 的分布未给出。对于这两个煤样，ε_3 与 $\gamma_{\max}$ 的分布类似，而从 ε_1 的分布观察不到应变局部化。在加载初期，随着 ε_a 的增大，$10^\#$煤样的 $C_v(\varepsilon_3)$ 基本不变，在 $1.0\sim1.3$，如图 6-16(a)所示；$9^\#$煤样的 $C_v(\varepsilon_3)$ 有增大趋势，在 $0.9\sim1.4$，如图 6-18(a)所示；$10^\#$煤样的 $C_v(\varepsilon_1)$ 波动较大，如图 6-16(b)所示；$9^\#$煤样的 $C_v(\varepsilon_1)$ 有增大趋势，如图 6-18(b)所示。

　　然后，在几乎垂直方向上出现了狭长且窄的应变局部化区域[图 6-2(e)、图 6-13(e)、图 6-15(f)和图 6-17(f)]。在应变局部化区域之外，$\gamma_{\max}$ 和 ε_3 的分布呈斑点状或块状。应当指出，图 6-2(d)、(e)对应的时间间隔非常短暂，即二者的 ε_a 相差很小。图 6-15(e)、(f)和图 6-17(f)、(g)也是如此。此时，$C_v(\gamma_{\max})$ 发生了快速突增，而从 σ_a 上未观察到明显的变化。$9^\#$煤样、$10^\#$煤样和 $13^\#$煤样的 $C_v(\gamma_{\max})$ 突增量分别为 0.24、0.32 及 0.16。在 $C_v(\gamma_{\max})$ 快速突增过程中，$C_v(\varepsilon_3)$ 也发生了快速突增，$9^\#$煤样、$10^\#$煤样和 $13^\#$煤样的 $C_v(\varepsilon_3)$ 突增量分别为 0.30、0.53 和 0.12，而 $C_v(\varepsilon_1)$ 变化较为复杂，例如，$13^\#$煤样的 $C_v(\varepsilon_3)$ 稍有增加，而 $10^\#$煤样的 $C_v(\varepsilon_3)$ 发生了突降。

　　随后，随着 ε_a 增大，应变局部化变得越来越明显，应变局部化带的变化有变窄的趋势，同时，其长度不断增加直到贯通煤样的上、下端面。在此过程中，$C_v(\gamma_{\max})$

的演变规律较为复杂[图 6-2(a)、图 6-15(a)和图 6-17(a)]。在总体上，随着 ε_a 的增大，$C_v(\gamma_{max})$ 不断增大，其最大可达 1.5 左右。通过仔细观察，$C_v(\gamma_{max})$ 的演变可以分为前期和后期两个阶段。在前期，$C_v(\gamma_{max})$ 随着 ε_a 的增大不断增大，这一阶段处于 σ_a 的峰值之前，σ_a 在总体上不断增大；在后期，$C_v(\gamma_{max})$ 随着 ε_a 的增大剧烈波动，在 σ_a 的峰值达到之时，$C_v(\gamma_{max})$ 已从高值下降，此后，随着 ε_a 的增大，$C_v(\gamma_{max})$ 变化复杂，这一阶段处于 σ_a 的峰值稍前及峰后。$C_v(\varepsilon_3)$ 的演变也可以分为前期和后期两个阶段。在前期，$C_v(\varepsilon_3)$ 随着 ε_a 的增大不断增大；在后期，$C_v(\varepsilon_3)$ 变化复杂。例如，13#煤样的 $C_v(\varepsilon_3)$ 先减小后增大，而 10#煤样的 $C_v(\varepsilon_3)$ 先减小后波动。

6.5　基于五种变异系数的煤样破坏评价

13#煤样、10#煤样和 9#煤样的破裂主要发生在高度×宽度的平面上。鉴于这 3 个煤样破坏过程中的应变场具有类似性，限于篇幅，仅给出了 10#煤样的不同应变场。应当指出，10#煤样 γ_{max} 的分布已在图 6-15(b)～(i)给出。

由图 6-15(b)～(i)可以发现，γ_{max} 经历近似均匀分布向局部化分布转化。当 $\varepsilon_a \leqslant$ 0.00211 时，γ_{max} 呈均匀分布，最大为 0.009～0.016，最小为 0.00016～0.00019；当 $\varepsilon_a > 0.00211$ 时，γ_{max} 呈不均匀分布，最大为 0.042～0.068，最小为 0.00008～0.00017。

图 6-19～图 6-22 分别给出了 10#煤样不同 ε_a 时的 ε_x、ε_y、γ_{xy} 及 ε_v 分布。各子图下方和左方的数字分别表示测点的列数和行数。

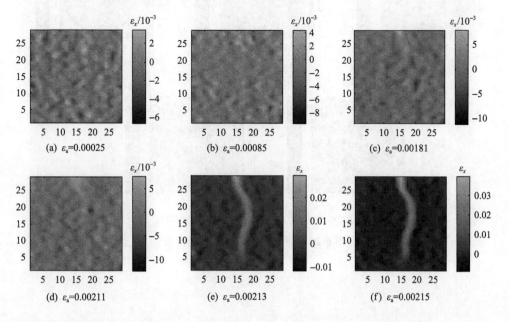

(a) ε_a=0.00025　　　　(b) ε_a=0.00085　　　　(c) ε_a=0.00181

(d) ε_a=0.00211　　　　(e) ε_a=0.00213　　　　(f) ε_a=0.00215

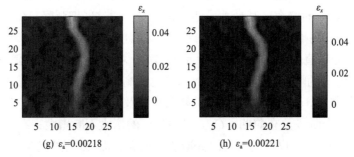

(g)　ε_a=0.00218　　　　　　　　　　(h)　ε_a=0.00221

图 6-19　10#煤样不同 ε_a 时 ε_x 的分布

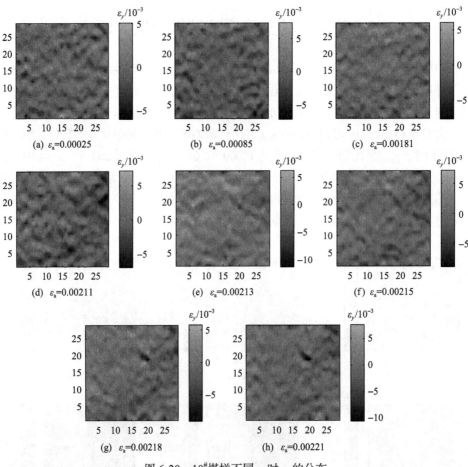

(a)　ε_a=0.00025　　　(b)　ε_a=0.00085　　　(c)　ε_a=0.00181

(d)　ε_a=0.00211　　　(e)　ε_a=0.00213　　　(f)　ε_a=0.00215

(g)　ε_a=0.00218　　　　　　(h)　ε_a=0.00221

图 6-20　10#煤样不同 ε_a 时 ε_y 的分布

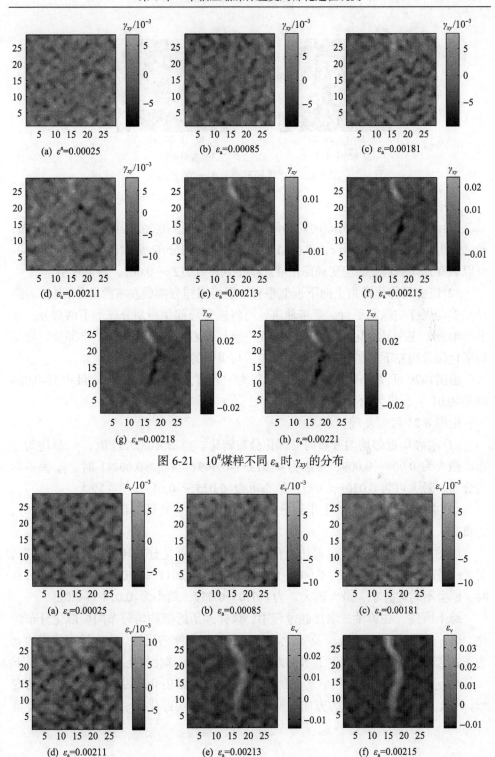

(a) $\varepsilon_a=0.00025$　　(b) $\varepsilon_a=0.00085$　　(c) $\varepsilon_a=0.00181$

(d) $\varepsilon_a=0.00211$　　(e) $\varepsilon_a=0.00213$　　(f) $\varepsilon_a=0.00215$

(g) $\varepsilon_a=0.00218$　　(h) $\varepsilon_a=0.00221$

图 6-21　10# 煤样不同 ε_a 时 γ_{xy} 的分布

(a) $\varepsilon_a=0.00025$　　(b) $\varepsilon_a=0.00085$　　(c) $\varepsilon_a=0.00181$

(d) $\varepsilon_a=0.00211$　　(e) $\varepsilon_a=0.00213$　　(f) $\varepsilon_a=0.00215$

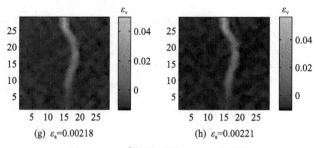

(g) ε_a=0.00218　　　　　　　　(h) ε_a=0.00221

图 6-22　10#煤样不同 ε_a 时 ε_v 的分布

由图 6-19 可以发现：

(1) ε_x 经历近似均匀分布向局部化分布转化。当 ε_a≤0.00211 时，ε_x 呈均匀分布，最大仅为 0.004～0.009；当 ε_a>0.00211 时，ε_x 呈不均匀分布，最大仅为 0.032～0.060，可以观察到几乎垂直的应变局部化带。ε_x 最小为−0.012～−0.007，其值较小。

(2) 应变局部化带由上向下近似垂直扩展将煤样分割成左右两部分，其扩展路径基本与煤样的纵向平行。严格地讲，可将应变局部化带划分成上下两部分。在上半部分，应变局部化带由煤样上端面中点斜向右下方扩展。在下半部分，应变局部化先带向左下方扩展，其扩展方向后与煤样的纵向平行。

由图 6-20 可以发现，ε_y 只经历了近似均匀分布，随着加载进行，ε_y 最小由−0.006 降至−0.011；ε_y 最大由 0.006 增至 0.009。

由图 6-21 可以发现：

(1) γ_{xy} 经历近似均匀分布向局部化分布转化。当 ε_a≤0.00211 时，γ_{xy} 呈均匀分布，最大为 0.008～0.009，最小为−0.013～−0.009；当 ε_a>0.00211 时，γ_{xy} 呈不均匀分布，最大可为 0.020～0.037，最小可为−0.025～−0.017，值亦较大。

(2) 在应变局部化带的上半部分，γ_{xy} 为正，而在应变局部化带的下半部分，γ_{xy} 为负。

由图 6-22 可以发现，ε_v 经历近似均匀分布向局部化分布转化。当 ε_a≤0.00211 时，ε_v 呈均匀分布，最大为 0.008～0.011，最小为−0.011～−0.007；当 ε_a>0.00211 时，ε_v 呈不均匀分布，最大较大，为 0.030～0.057，最小为−0.014～−0.011。

综上所述，在单轴压缩加载过程中，煤样经历近似均匀分布向局部化分布转化，这一过程从 ε_x、γ_{xy}、γ_{max} 及 ε_v 上均能得到不同程度的反映。应变局部化带内 ε_x 为正，这表明带内介质发生了水平方向膨胀。应变局部化带上半部分 γ_{xy} 为正，下半部分 γ_{xy} 为负，最大和最小 γ_{xy} 的值较高，这表明带内介质发生了较大的剪切变形，且上、下部分的剪应力方向有所不同。ε_x 和 γ_{xy} 局部化是 γ_{max} 局部化的主要贡献者，相比之下，前者贡献更大。ε_x 局部化是 ε_v 局部化的主要贡献者。应变局部化带内介质发生了体积膨胀。

以 ε_a=0.00221 时为例，采用应变分布的最大与最小之比定量考察应变局部化的显著程度。此时，ε_x 最大为 0.060，最小为 -0.008，两者之比为 -7.5；γ_{xy} 最大为 0.037，最小为 -0.025，两者之比为 -1.48；γ_{max} 最大为 0.068，最小为 0.00017，两者之比为 400；ε_v 最大为 0.057，最小为 -0.011，两者之比为 -5.18。显然，比值由大至小的顺序为 γ_{max}、γ_{xy}、ε_v 及 ε_x，这表明从 γ_{max} 上可观察到最显著的应变局部化，其次为 γ_{xy}，之后为 ε_v，最后为 ε_x。

由图 6-15(b)～(i)、图 6-19～图 6-22 还可以发现，γ_{max} 始终为正，但 ε_x、ε_y、γ_{xy} 及 ε_v 却均有正有负。在单轴压缩条件下，理论上，煤样纵向将缩短、横向将伸长，即 ε_x 将大于零，ε_y 将小于零。然而，目前的结果非总如此，有些区域的 ε_x 将小于零，ε_y 将大于零。对此现象可从两个方面进行解释：一是某些区域的变形非常小，这会导致应变的计算结果不准确，以至出现上述现象；二是某些区域的变形较为复杂，例如微裂纹附近，这可能导致应变异常。

采用两种不同方式计算五种应变的变异系数：在方式 1 中，不对应变数据进行任何处理；在方式 2 中，对应变数据进行处理，即当 ε_x<0 时，令 ε_x=0；当 ε_y>0 时，令 ε_y = 0。

图 6-23 给出了 10#煤样的 $C_v(\varepsilon_x)$、$C_v(\varepsilon_y)$、$C_v(\gamma_{max})$、$C_v(\varepsilon_v)$ 及 $C_v(\gamma_{xy})$ 随 ε_a 的演变，其中，变异系数包括方式 1 和方式 2 的。

由图 6-23(a)可以发现：

(1)在应变局部化出现之前，方式 1 的 $C_v(\varepsilon_x)$ 为负，$C_v(\varepsilon_x)$ 随着 ε_a 的增大先减小后增大(初始加载阶段除外)；在应变局部化出现之后，方式 1 的 $C_v(\varepsilon_x)$ 由负迅速变为正，然后稍有下降。

(2)在应变局部化出现之前，方式 2 的 $C_v(\varepsilon_x)$ 为正，基本不变；在应变局部化出现之后，方式 2 的 $C_v(\varepsilon_x)$ 先突增，后稍有下降。

(3)方式 1 的 $C_v(\varepsilon_x)$ 由负迅速变为正、方式 2 的 $C_v(\varepsilon_x)$ 突增均发生于应力峰之前。此时，σ_a 为 11.0625MPa，与 10#煤样的 σ_c(19.8880MPa)之比为 0.5562。方式 1 和方式 2 的 $C_v(\varepsilon_x)$ 稍有下降发生于应力峰后。

由图 6-23(b)可以发现：

(1)在应变局部化出现之前，方式 1 和方式 2 的 $C_v(\varepsilon_y)$ 基本不变，方式 1 的 $C_v(\varepsilon_y)$ 值大于方式 2。

(2)在应变局部化出现之后，方式 1 和方式 2 的 $C_v(\varepsilon_y)$ 随 ε_a 的演变类似，$C_v(\varepsilon_y)$ 值先迅速增大，后有所回落，回落发生于应力峰后。

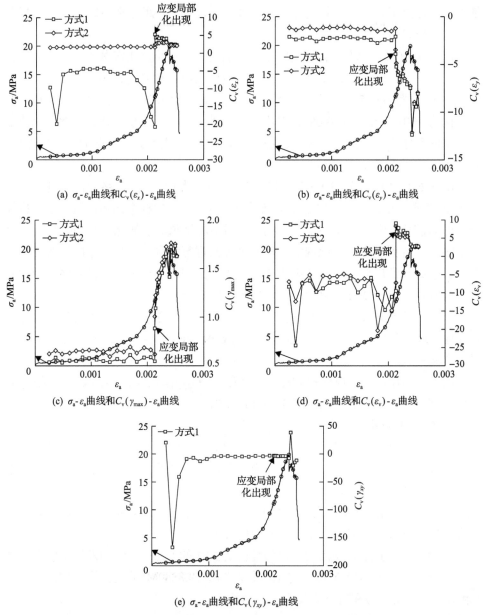

(a) σ_a-ε_a曲线和$C_v(\varepsilon_x)$-ε_a曲线　　　　(b) σ_a-ε_a曲线和$C_v(\varepsilon_y)$-ε_a曲线

(c) σ_a-ε_a曲线和$C_v(\gamma_{max})$-ε_a曲线　　　　(d) σ_a-ε_a曲线和$C_v(\varepsilon_v)$-ε_a曲线

(e) σ_a-ε_a曲线和$C_v(\gamma_{xy})$-ε_a曲线

图 6-23　$10^{\#}$煤样的 σ_a-ε_a 曲线和变异系数-ε_a 曲线

由图 6-23(c)可以发现:

(1)在应变局部化出现之前,方式 1 和方式 2 的 $C_v(\gamma_{max})$ 基本不变,方式 1 的 $C_v(\gamma_{max})$ 小于方式 2。

(2)在应变局部化出现之后,方式 1 和方式 2 的 $C_v(\gamma_{max})$ 随 ε_a 的演变类似,

$C_v(\gamma_{max})$ 先迅速增大，后处于振荡状态。

由图 6-23 (d) 可以发现：

(1) 在应变局部化出现稍前，方式 1 和方式 2 的 $C_v(\varepsilon_v)$ 随 ε_a 的演变较为复杂，波动较大。

(2) 在应变局部化出现之后，方式 1 和方式 2 的 $C_v(\varepsilon_v)$ 先由负迅速变为正，后有所回落，回落发生于应力峰前及之后。

由图 6-23 (e) 可以发现，在应变局部化出现时，$C_v(\gamma_{xy})$ 未发生明显变化；σ_a 达到峰值后，$C_v(\gamma_{xy})$ 先发生突降，由正变负，后处于振荡状态。

综上所述，对于 10# 煤样，$C_v(\varepsilon_x)$、$C_v(\varepsilon_y)$、$C_v(\gamma_{max})$ 和 $C_v(\varepsilon_v)$ 在应变局部化出现时发生了突变。应变局部化出现之前 $C_v(\gamma_{max})$ 的演变较为复杂。所以，相比之下，$C_v(\varepsilon_x)$、$C_v(\varepsilon_y)$、$C_v(\gamma_{max})$ 的突变较好地表征了应变局部化出现。在应变局部化出现之时，两种方式的 $C_v(\varepsilon_x)$ 的突变有较大差别；$C_v(\varepsilon_y)$ 和 $C_v(\gamma_{max})$ 的突变类似；$C_v(\gamma_{xy})$ 未出现明显异常。

图 6-24 给出了 13# 煤样的 $C_v(\varepsilon_x)$、$C_v(\varepsilon_y)$、$C_v(\gamma_{max})$、$C_v(\varepsilon_v)$ 及 $C_v(\gamma_{xy})$ 的演变，其中，变异系数包括方式 1 和方式 2 的。

由图 6-24 (a) 可以发现：

(1) 方式 1 的 $C_v(\varepsilon_x)$ 为正，在应变局部化出现时发生了突降，这与 10# 煤样的情况不同。

(2) 方式 2 的 $C_v(\varepsilon_x)$ 为正，在应变局部化出现之前基本稳定保持恒定，在应变局部化出现时发生了突增，这与 10# 煤样的情况相同。

由图 6-24 (b) 可以发现：

(1) 方式 1 和方式 2 的 $C_v(\varepsilon_y)$ 均为负，在应变局部化出现时其值发生突增，在应力峰后出现振荡，这与 10# 煤样的情况基本类似。

(2) 在应变局部化出现之前，方式 1 和方式 2 的 $C_v(\varepsilon_y)$ 均不恒定，这与 10# 煤样的情况不同；方式 1 的 $C_v(\varepsilon_y)$ 值比方式 2 大，这与 10# 煤样的情况相同。

由图 6-24 (c) 可以发现：

(1) 方式 1 和方式 2 的 $C_v(\gamma_{max})$ 在应变局部化出现时发生突增，这与 10# 煤样的情况相同。

(2) 在应变局部化出现之前，方式 1 的 $C_v(\gamma_{max})$ 值比方式 2 小，这与 10# 煤样的情况相同。

由图 6-24 (d) 可以发现，在应变局部化出现时，$C_v(\varepsilon_v)$ 未发生明显的变化。

由图 6-24 (e) 可以发现，在应变局部化出现之前，$C_v(\gamma_{xy})$ 的演变较为复杂；在应变局部化出现时，$C_v(\gamma_{xy})$ 未发生明显的变化。

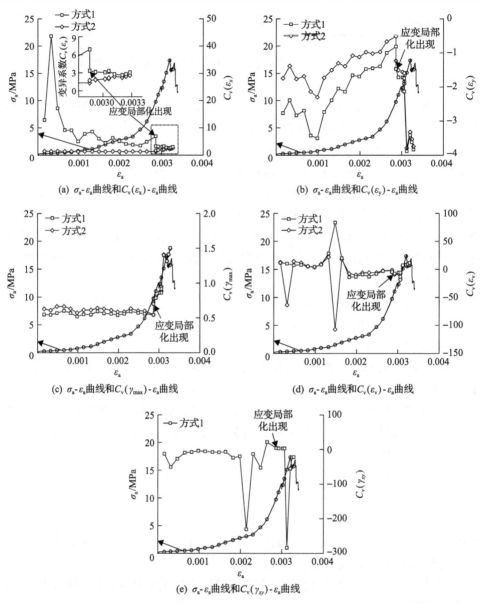

图 6-24　13#煤样的 σ_a-ε_a 曲线和变异系数-ε_a 曲线

　　综上所述，对于 13#煤样，$C_v(\varepsilon_x)$、$C_v(\varepsilon_y)$ 和 $C_v(\gamma_{max})$ 在应变局部化出现时发生了突变，这与 10#煤样的情况相似。在应变局部化出现之时，两种方式的 $C_v(\varepsilon_x)$ 突变差别较大；方式 1 的 $C_v(\varepsilon_x)$ 突降，而方式 2 的 $C_v(\varepsilon_x)$ 突增；$C_v(\varepsilon_y)$ 和 $C_v(\gamma_{max})$ 的突变类似，这与 10#煤样的情况相似；$C_v(\gamma_{xy})$ 未出现明显异常，这与 10#煤样的情况相似。

图 6-25 给出了 9#煤样的 $C_v(\varepsilon_x)$、$C_v(\varepsilon_y)$、$C_v(\gamma_{max})$、$C_v(\varepsilon_v)$ 及 $C_v(\gamma_{xy})$ 随 ε_a 的演变，其中，变异系数包括方式 1 和方式 2 的。

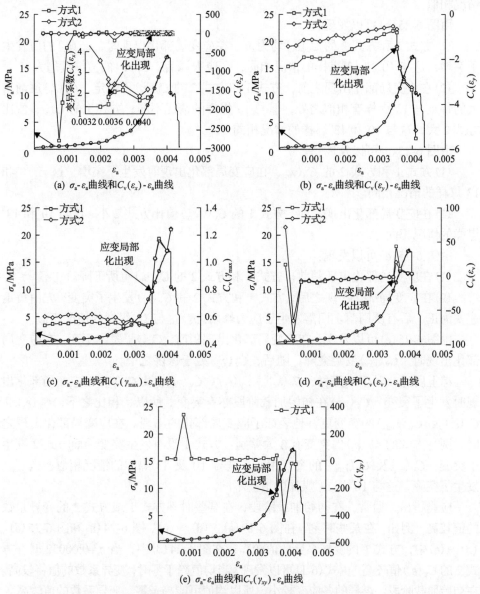

图 6-25　9#煤样的 σ_a-ε_a 曲线和变异系数-ε_a 曲线

由图 6-25(a)可以发现：

(1)方式 1 的 $C_v(\varepsilon_x)$ 波动较大，在加载初期，有的达到了 –2775；在应变局部化出现时，方式 1 的 $C_v(\varepsilon_x)$ 发生下降。

(2)方式 2 的变异系数为正, 在应变局部化出现之前, 方式 2 的 $C_v(\varepsilon_x)$ 呈先上升后下降的趋势; 在应变局部化出现时, $C_v(\varepsilon_x)$ 发生突增, 这与 $10^\#$ 和 $13^\#$ 煤样的情况相似。

由图 6-25(b)可以发现:

(1)方式 1 和方式 2 的 $C_v(\varepsilon_y)$ 均为负, 在应变局部化出现时, $C_v(\varepsilon_y)$ 的值发生了突增, 这与 $10^\#$ 和 $13^\#$ 煤样的情况相同; 在应力峰后, $C_v(\varepsilon_y)$ 的值继续增大。

(2)在应变局部化出现之前, 方式 1 和方式 2 的 $C_v(\varepsilon_y)$ 不恒定, $C_v(\varepsilon_y)$ 逐渐增大的特点与 $13^\#$ 煤样有相似之处, 但与 $10^\#$ 煤样的情况不同; 方式 1 的 $C_v(\varepsilon_y)$ 值比方式 2 大, 这与 $10^\#$ 和 $13^\#$ 煤样的情况相同。

由图 6-25(c)可以发现:

(1)方式 1 和方式 2 的 $C_v(\gamma_{max})$ 在应变局部化出现时发生了突增, 这与 $10^\#$ 和 $13^\#$ 煤样的情况相同。

(2)在应变局部化出现之前, 方式 1 的 $C_v(\gamma_{max})$ 值比方式 2 小, 这与 $10^\#$ 和 $13^\#$ 煤样的情况相同。

由图 6-25(d)可以发现:

(1)在应变局部化出现稍前, 方式 1 和方式 2 的 $C_v(\varepsilon_v)$ 有所下降。

(2)在应变局部化出现之后, 方式 1 和方式 2 的 $C_v(\varepsilon_v)$ 发生了突变, 先由负迅速变为正, 后有所回落。回落发生于应力峰附近。这与 $10^\#$ 煤样的情况相似。

由图 6-25(e)可以发现, 在应变局部化出现稍前, $C_v(\gamma_{xy})$ 基本不变; 在应变局部化出现时, $C_v(\gamma_{xy})$ 发生突降; 随后, $C_v(\gamma_{xy})$ 处于振荡之中。

综上所述, 对于 $9^\#$ 煤样, $C_v(\varepsilon_x)$、$C_v(\varepsilon_y)$、$C_v(\gamma_{max})$ 及 $C_v(\gamma_{xy})$ 在应变局部化出现时发生了突变。$C_v(\gamma_{xy})$ 在初始加载阶段亦有突变。所以, 相比之下, $C_v(\varepsilon_x)$、$C_v(\varepsilon_y)$ 及 $C_v(\gamma_{max})$ 的突变更好地表征了应变局部化的出现。在应变局部化出现之时, 两种方式的 $C_v(\varepsilon_x)$ 的突变有较大差别: 方式 1 没有发生突变, 而方式 2 发生了突变; $C_v(\varepsilon_y)$ 及 $C_v(\gamma_{max})$ 的突变相似, 这与 $10^\#$ 及 $13^\#$ 煤样的情况相似; $C_v(\gamma_{xy})$ 发生了突降, 这与 $10^\#$ 及 $13^\#$ 煤样的情况不同。

应当指出, 通常, 在初始加载阶段, 在某些时刻方式 1 或方式 2 的变异系数的值较高。例如, 在某些时刻, 在图 6-23(a)、(d)~(e), 图 6-24(a)和图 6-25(a)、(d)~(e)中, 方式 1 的变异系数的值较高; 在图 6-24(d)中, 当 $\varepsilon_a=0.00032$ 时, 方式 2 的 $C_v(\varepsilon_v)$ 值较高。由式(6-1)可以发现, 当均值趋于零时, 变异系数的值将较高。在初始加载阶段, 煤样的各应变较小, 所以均值可能趋于零, 变异系数的值较高。

由表 6-1 可以发现, 应变局部化出现时 3 个煤样的 σ_a 与 σ_c 之比为 0.5552~0.5601, 均值相对较为稳定, 这表明 3 个煤样的宏观破裂过程极为相似。即便如此, 3 个煤样的一些应变场的变异系数的演变仍呈现出不同的特点, 这可能与细观上煤样的非均质性有关。

第 7 章 环绕测点子区分割方法及应用

本章介绍环绕测点子区分割方法，并利用该方法测量虚拟剪切带宽度。通过虚拟剪切带形成实验和土样单轴压缩实验，验证该方法对于非均匀变形测量的有效性。重点分析该方法中的主要参数对虚拟剪切带宽度测量的影响，并对测量的剪切带宽度进行修正。

7.1 基 本 原 理

当测点远离剪切带时，利用一阶形函数可以较准确地描述子区变形。但是，当测点位于剪切带边界附近时，由于剪切带内、外的变形有很大不同，子区可能覆盖两种及以上的变形。这样，一阶形函数并不适用。若使用高阶形函数，则计算效率降低。

鉴于现有子区分割方法(杜亚志等，2018；Poissant and Barthelat，2010)具有分割线不易确定的缺点，提出了环绕测点子区分割方法(改进子区分割方法)：通过对相关性不好的子区(原始子区)进行有限分割，始终在测点周围构造 4 个后代子区，由此，一些后代子区将位于剪切带边界附近且变形较均匀的区域。这样，利用一阶形函数也可搜索到相关性最好的后代子区，以改善剪切带边界附近位移测量精度。具体改进措施如下。

(1)改变子区的分割方式。利用水平和垂直分割线，将上一代子区分割，形成 4 个相同尺寸的下一代子区。代数越大，后代子区尺寸越小。各代子区环绕测点分布，这可以确保测点所在行、列的灰度信息参与各代子区的计算。

(2)改变搜索方式。当测点的零均值归一化互相关函数 C_{ZNCC} 不满足精度要求时，分别对 4 个下一代子区进行计算。若有的 C_{ZNCC} 满足精度要求，则将其对应的位移作为测点的最终位移；否则，继续分割并计算。

(3)改变亚像素位移的计算方法。在计算亚像素位移时，使用拟牛顿方法。虽然该方法的计算速度不如 N-R 迭代方法，但更容易得到全局最优解。

改进子区分割方法的具体计算步骤如下。

(1)选取相关系数阈值 C_{st} 和最大分割次数 N_s。根据基于 PSO 和 N-R 迭代的粗-细方法的 C_{ZNCC} 和子区尺寸，选取合适的 C_{st} 和 N_s。C_{ZNCC} 较小的测点一般被认为误差较大，有必要对这些测点的位移进行重新计算。原始子区尺寸仅有数十像素，N_s 不应过大，否则，将使相关搜索困难。

(2)确定第 0 代子区。若测点的 $C_{ZNCC} < C_{st}$，则将该测点的原始子区作为第 0 代子区。

(3)分割子区并计算下一代子区的位移。根据子区分割方式，将第 0 代子区分割为 4 个第 1 代子区并计算。若有的满足 $C_{ZNCC} \geqslant C_{st}$，则将最大 C_{ZNCC} 对应的位移作为测点的最终位移。否则，继续分割，构造第 2 代子区，并计算，以此类推。若始终没有满足上述条件，则将最终子区中最大 C_{ZNCC} 对应的位移作为测点的最终位移。

下面以图 7-1 为例，具体介绍该方法的实施过程。在图 7-1 中，测点 S 位于剪切带外，且靠近剪切带，$N_s = 3$。当 S 的原始子区的相关性不好时，将其分割成 4 份 [图 7-1(a)]，即 $S_i^{(1)}$，分割后子区的编号 $i = 1 \sim 4$，上标括号内数字代表代数。对于任一 $S_i^{(1)}$，若均不满足 $C_{ZNCC} \geqslant C_{st}$，则从 $S_i^{(1)}$ 中各取 1/4，构造第 2 代子区 [图 7-1(b)]，即 $S_i^{(2)}$。

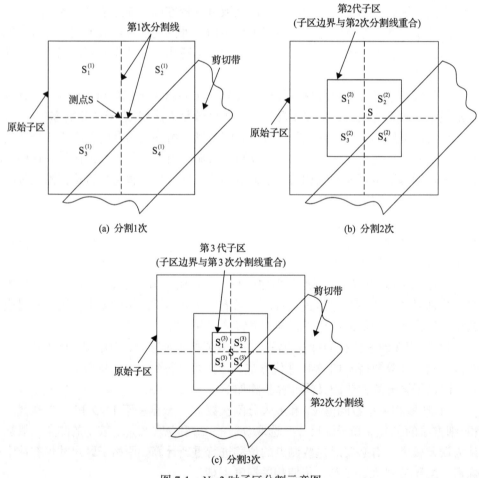

图 7-1　$N_s = 3$ 时子区分割示意图

对于任一 $S_i^{(2)}$，若不满足上述条件，则从 $S_i^{(2)}$ 中各取 1/4，构造第 3 代子区［图 7-1(c)］，即 $S_i^{(3)}$。应当指出，下一代子区尺寸均为上一代的 1/2。这是考虑到，当相邻两代的子区尺寸相差较小时，下一代子区仍可能包含复杂变形区域。为此，需要继续分割子区并计算，这将导致计算效率低。目前该方法可以在满足位移测量精度的前提下，兼顾计算效率。

7.2　方　法　验　证

采用式(3-2)制作模拟散斑图［图 7-2(a)］，图像尺寸=256pixel×512pixel，散斑半径 s_r = 3pixel，散斑数量 s_n = 5000。以图 7-2(a)为参考图像，根据式(3-4)和仿射变换制作水平含应变梯度的虚拟剪切带［图 7-2(b)］，其中，剪切带宽度 w=50pixel，平均塑性剪切应变 $\bar{\gamma}_p$ = 0.2。

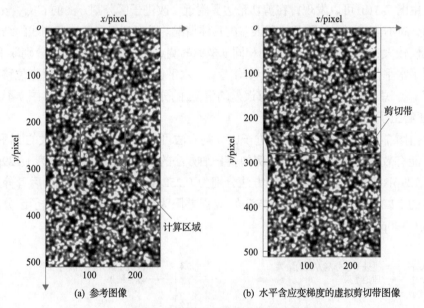

(a) 参考图像　　　　　　　　　　(b) 水平含应变梯度的虚拟剪切带图像

图 7-2　参考图像与水平含应变梯度的虚拟剪切带图像(一)

将基于PSO和N-R迭代的粗-细方法(以下简称粗-细方法)与改进子区分割方法的结果进行对比，其中，计算区域如图 7-2(a)所示。计算参数如下：子区尺寸=31pixel×31pixel，测点间隔=4pixel，测点数目为=676(26 行×26 列)。粗-细方法的 C_{ZNCC} 分布如图 7-3(a)所示。由此可以发现，在剪切带内及附近，C_{ZNCC} 较小，而在剪切带外，C_{ZNCC} 较大，且大于 0.999(相关性很好)。所以，可将 C_{st} 取为 0.999。这样，所选取的待分割子区仅在剪切带内及附近，共 362 个。上述子区尺寸并不大。所以，取 N_s=1。改进子区分割方法的 C_{ZNCC} 分布如图 7-3(b)所示。

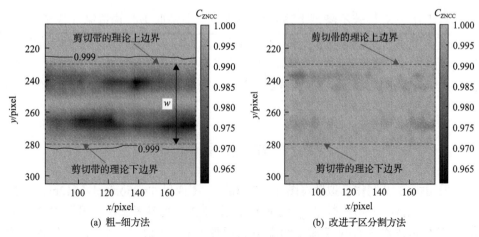

图 7-3　两种方法的 C_{ZNCC} 分布

由图 7-3(b)可以发现，在剪切带边界附近，改进子区分割方法的 C_{ZNCC} 较大。然而，尚不清楚测点位移及位移误差的具体情况。考虑到仅布置一条测线的结果的随机性较大，因此，通过对 26 列相同 y 坐标的测点的位移及位移误差分别取平均，得到了水平位移均值 u_0、垂直位移均值 v_0、水平位移误差均值 u_{e0}、垂直位移误差均值 v_{e0}、总位移均值 s_0 和总位移误差均值 s_{e0} 的分布，如图 7-4 所示。图 7-4(a)～(c)还给出了各理论位移的分布。

由图 7-4 可以发现，利用改进子区分割方法可以有效改善误差较大的 u_0 和 s_0，但不能有效改善误差较小的 v_0。例如，粗-细方法的 u_0 和 s_0 误差限分别为 1.129pixel 和 1.129pixel，而改进子区分割方法分别为 0.252pixel 和 0.257pixel，后者分别是前者的 22.3%和 22.8%；粗-细方法的 v_0 误差限为 0.059pixel，而改进子区分割方法为 0.390pixel。

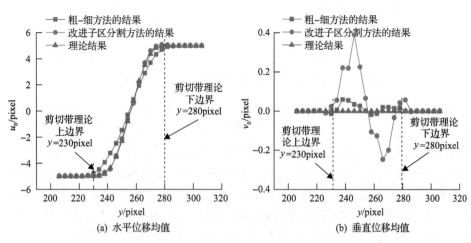

(a) 水平位移均值　　　　　　　　　(b) 垂直位移均值

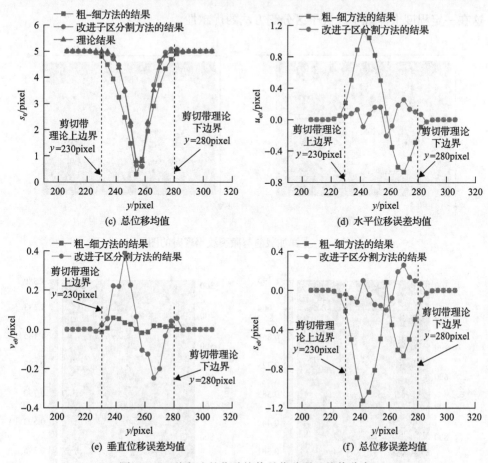

图 7-4　两种方法的位移均值及位移误差均值分布

7.3　真实非均匀变形测量

针对真实非均匀变形,这里将对比改进子区分割方法与粗-细方法的最大剪切应变 γ_{max},以第 4 章 6# 土样为例进行分析。

图 7-5 给出了土样加载前与微裂纹出现时(纵向应变 ε_a 为 0.1685)的图像,其尺寸为 1824pixel×1368pixel,计算区域如图 7-5(a)所示。其中,在粗-细方法中,子区尺寸=31pixel×31pixel,测点间隔=3pixel,测点数目=38456(253 行×152 列);在改进子区分割方法中,N_s=1,C_{st}=0.97。在获得位移后,利用 2.3.2 节的最小一乘拟合方法得到两种方法的 γ_{max}(图 7-6),其中,拟合窗口=5×5 个点。

由图 7-6 可以发现,改进子区分割方法的剪切带的数量比粗-细方法多,前者的剪切带轮廓比后者清晰,前者的 γ_{max} 最大值比后者大,前者的最小值比后者小,这在一定程度上体现了改进子区分割方法的优越性。

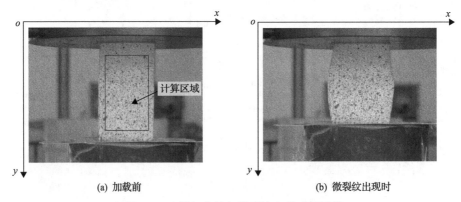

(a) 加载前　　　　　　　　　　　　　　(b) 微裂纹出现时

图 7-5　土样加载前与微裂纹出现时的图像

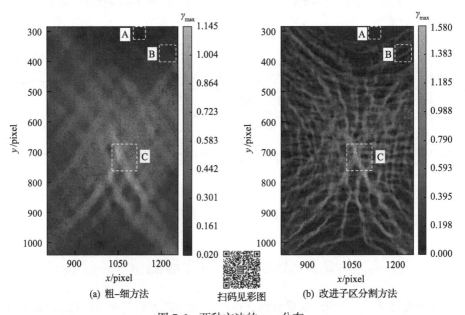

(a) 粗-细方法　　　　扫码见彩图　　　　(b) 改进子区分割方法

图 7-6　两种方法的 γ_{max} 分布

应当指出，仅凭 γ_{max} 的分布只能得到剪切带的定性结果。为此，有必要在一些典型区域布置剪切带法向测线。考虑到土样不同位置的 γ_{max} 有较大差异，选择的典型区域包括 γ_{max} 较小的区域 A、适中的区域 B 和较大的区域 C（图 7-6），其尺寸分别为 42pixel×42pixel、57pixel×57pixel 和 87pixel×87pixel。

图 7-7 给出了各区域的 γ_{max} 分布及测线位置。由此可以发现，区域 A 的 γ_{max} 分布较均匀，未见明显剪切带。所以，未在该区域布置测线。特别需要指出，由于粗-细方法的剪切带不明显，因此，在改进子区分割方法的结果内布置测线，并

根据测线位置得到相应位置的粗-细方法的结果。下面，以在区域 B 内布置测线

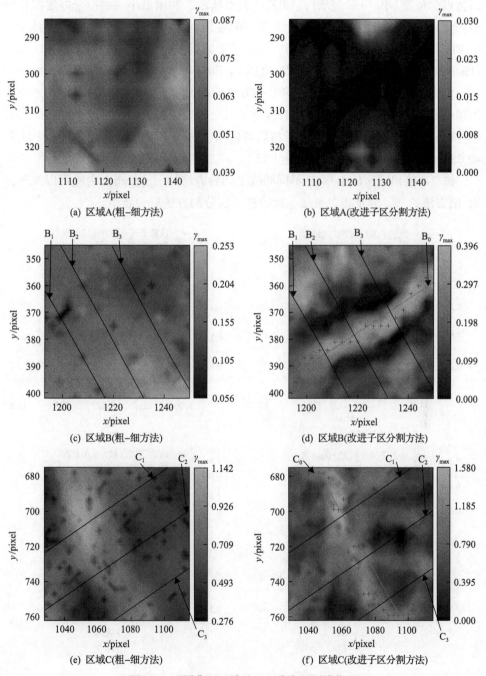

图 7-7　不同典型区域的 γ_{max} 分布及测线位置

为例，介绍布置测线的具体步骤。首先，确定改进子区分割方法的剪切带内 γ_{max} 高值点的位置（用"+"表示），如图 7-7(d) 所示，利用最小二乘拟合方法拟合出剪切带切向直线 B_0；其次，布置 3 条等间距且垂直于 B_0 的剪切带法向测线 B_1、B_2 和 B_3；最后，在图 7-7(c) 的相应位置布置测线 B_1、B_2 和 B_3。同理，在区域 C [图 7-7(e)、(f)] 内布置剪切带切向直线 C_0 和法向测线 C_1、C_2 和 C_3。

由图 7-7 可以发现，改进子区分割方法的最大 γ_{max} 比粗-细方法大，最小 γ_{max} 比粗-细方法小。例如，在区域 B 内，改进子区分割方法的 γ_{max} 范围为 0.000～0.396，粗-细方法为 0.056～0.253，前者与后者的最大之差与最小之差分别为 0.143 和 −0.056。

图 7-8 给出了区域 B 和 C 不同测线上两种方法的 γ_{max} 分布。由此可以发现，粗-细方法的 γ_{max} 分布相对平缓，而改进子区分割方法更为陡峭。

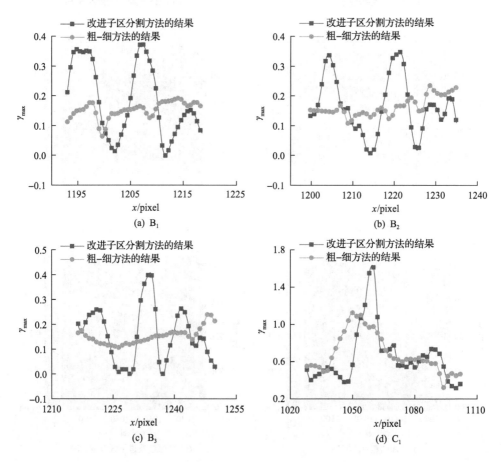

(a) B_1 (b) B_2 (c) B_3 (d) C_1

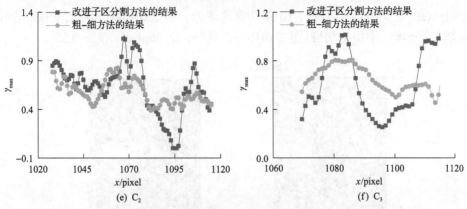

图 7-8　区域 B 和 C 不同测线上两种方法的 γ_{max} 分布

　　图 7-9 给出了区域 B 和 C 变形前、后的特写，同时标出了测线的位置。由此可以发现，变形前区域 B 左上角的某些散斑有一定距离，而变形后这些散斑较为紧凑，这意味着该位置出现了微裂纹（在图像上显示为黑色），这与改进子区分割方法的结果［图 7-8(a)～(c)］中测线 B_1、B_2 和 B_3 左部均出现 γ_{max} 的峰值相符；变形后区域 C 左部和中部存在两条微裂纹，这与改进子区分割方法的结果［图 7-8(d)～(f)］中测线 C_1、C_2 中部和 C_3 左部 γ_{max} 的分布较陡峭相符。

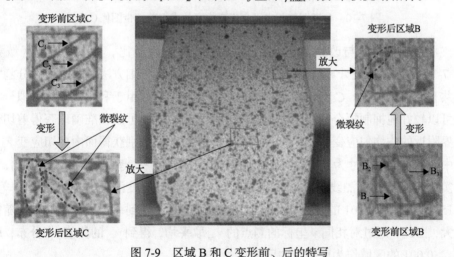

图 7-9　区域 B 和 C 变形前、后的特写

7.4　虚拟剪切带宽度测量及实测修正

7.4.1　宽度测量

　　采用式(3-2)制作模拟散斑图［图 7-10(a)］，图像尺寸=256pixel×512pixel，

s_r =3pixel，s_n =5000。以图 7-10(a)为参考图像，根据式(3-4)和仿射变换制作水平含应变梯度的虚拟剪切带[图 7-10(b)]，其中，w=36pixel，$\overline{\gamma}_p = 0.25$。

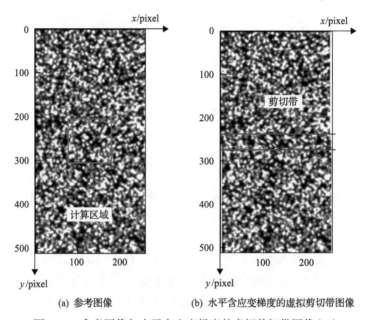

(a) 参考图像　　　　　(b) 水平含应变梯度的虚拟剪切带图像

图 7-10　参考图像与水平含应变梯度的虚拟剪切带图像(二)

将粗-细方法与改进子区分割方法的结果进行对比，其中，计算区域如图 7-10(a)所示。在计算时，子区尺寸和测点间隔是粗-细方法和改进子区分割方法共有的计算参数，C_{st} 和 N_s 为后者独有的计算参数。由于利用最小一乘拟合方法可以较好地抑制拟合窗口内"异常值"的影响，从而可以较准确地获得剪切带边界附近的非均匀应变。因此，利用最小一乘拟合方法分别获得面内剪切应变 γ_{xy}，其中，拟合窗口尺寸为 5×5 个测点。由于剪切带外的 γ_{xy} 理论结果为 0，因此，w 的实测值 w' 应该为测线上 $\gamma_{xy}>0$ 区域的宽度。考虑到应变测量的误差(徐小海等，2015)，将 $\gamma_{xy}>0.001$ 的区域认为是剪切带。而且，考虑到一条测线的结果的随机性大，因此，通过对相同 y 坐标的测点的 γ_{xy} 取平均，得到 γ_{xy} 的均值 γ_{xy}^0 分布，取 $\gamma_{xy}^0>0.001$ 的区域作为剪切带内区域。

为了研究子区尺寸对 w' 的影响，选择参数如下：子区尺寸分别为 31pixel×31pixel、41pixel×41pixel、51pixel×51pixel 和 61pixel×61pixel，测点间隔为 4pixel，C_{st}=0.999，N_s=1。γ_{xy}^0 的分布如图 7-11 所示。

由图 7-11 可以发现，随着子区尺寸的增加，粗-细方法的 w' 逐渐变大；改进子区分割法的 w' 变化不大，比粗-细法更接近 w。当子区尺寸由 31pixel×

31pixel 增加到 61pixel×61pixel 时，粗-细方法的 w' 的相对误差分别为 66.7%、88.9%、111.1% 和 133.3%，而改进子区分割方法分别为 11.1%、22.2%、0.0% 和 22.2%。由此可见，子区尺寸对粗-细方法的 w' 影响较大，而对改进子区分割方法影响较小。

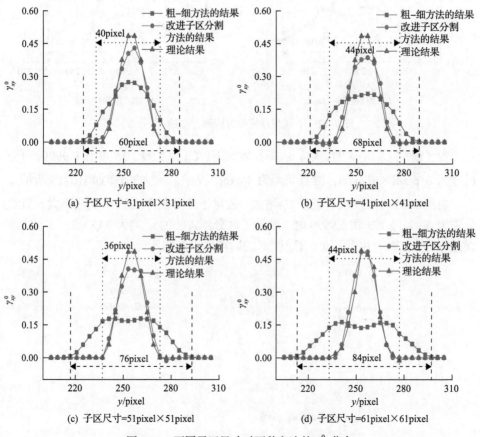

图 7-11　不同子区尺寸时两种方法的 γ_{xy}^0 分布

为了研究测点间隔对 w' 的影响，选择参数如下：子区尺寸=61pixel×61pixel，测点间隔=2pixel 和 3pixel，C_{st}=0.999，N_s=1。γ_{xy}^0 的分布如图 7-12 所示。

由图 7-11(d) 和图 7-12 可以发现，随着测点间隔的增加，粗-细方法的 w' 变化不大；改进子区分割法的 w' 逐渐增加，比粗-细法更接近 w。当测点间隔分别为 2pixel、3pixel 和 4pixel 时，粗-细方法的 w' 的相对误差分别为 127.8%、133.3%和 133.3%，而改进子区分割方法分别为–5.6%、0.0%和 22.2%。由此可见，测点间隔对改进子区分割法的 w' 影响较大，而对粗-细方法的影响较小。

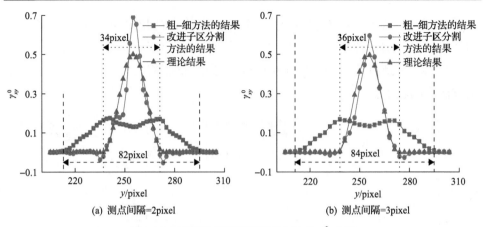

图 7-12　不同测点间隔时两种方法的 γ_{xy}^0 分布

为了研究 C_{st} 对 w' 的影响，选择参数如下：C_{st} 为 0.99、0.999 和 0.9999，子区尺寸为 61pixel×61pixel，测点间隔为 4pixel，$N_s=1$。γ_{xy}^0 的分布如图 7-13 所示。

由图 7-13 可以发现，随着 C_{st} 增大，改进子区分割方法的 w' 变化不大，当 C_{st} 分别为 0.99、0.999 和 0.9999 时，改进子区分割方法的 w' 均为 44pixel，w' 的相对误差均为 22.2%。由此可见，C_{st} 对 w' 的影响可以忽略不计。

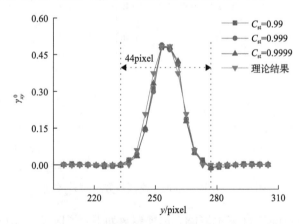

图 7-13　不同 C_{st} 时改进子区分割方法的 γ_{xy}^0 分布

为了研究 N_s 和子区尺寸对改进子区分割方法的 w' 的影响，选择参数如下：N_s 为 1、2 和 3，子区尺寸分别为 41pixel×41pixel、61pixel×61pixel 和 81pixel×81pixel，测点间隔为 4pixel，$C_{st}=0.999$。γ_{xy}^0 的分布如图 7-14 所示。

由图 7-14 可以发现，当子区尺寸确定时，随着 N_s 增大，改进子区分割方法的 w' 逐渐变大。例如，当子区尺寸为 41pixel×41pixel 时，$N_s=1$、2 和 3 时的 w' 分别为 44pixel、60pixel 和 68pixel，w' 的相对误差分别为 22.2%、66.7% 和 88.9%；

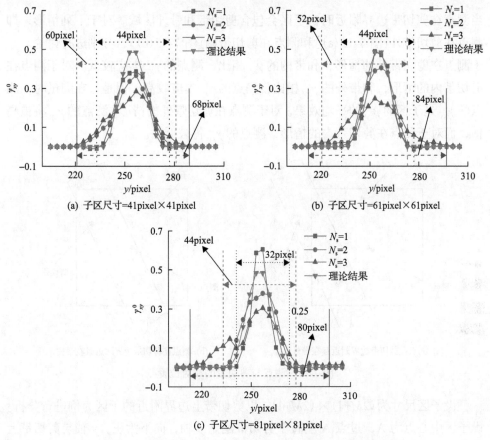

(a) 子区尺寸=41pixel×41pixel　　　(b) 子区尺寸=61pixel×61pixel

(c) 子区尺寸=81pixel×81pixel

图 7-14　不同 N_s 和子区尺寸时改进子区分割方法的 γ_{xy}^0 分布

当子区尺寸为 61pixel×61pixel 时，N_s=1、2 和 3 时的 w' 分别为 44pixel、52pixel 和 84pixel，w' 的相对误差分别为 22.2%、44.4%和 133.3%；当子区尺寸为 81pixel× 81pixel 时，N_s=1、2 和 3 时的 w' 分别为 32pixel、44pixel 和 80pixel，w' 的相对误 差分别为−11.1%、22.2%和 122.2%，显然，N_s=1 时 w' 的相对误差限最小且 w' 的 误差为负。理论上，使用 DIC 方法和最小一乘拟合方法会高估 w'（具体分析见下 文），w' 的误差不应小于 0。所以，N_s=2 时的 w' 应更精确。综上所述，N_s 对 w' 的 影响较大，当子区尺寸适中时，例如，当子区尺寸为 41pixel×41pixel 或 61pixel× 61pixel 时，选择 N_s=1 即可；当子区尺寸较大时，例如，当子区尺寸为 81pixel× 81pixel 时，选择 N_s=2 即可。

7.4.2　宽度的实测值修正

剪切带一般较窄，而子区尺寸一般为几十像素。所以，通常 w 小于子区尺寸。

当测点在剪切带边界附近时，子区会包含剪切带和带外区域。对于下列情形，即测点在剪切带外[图 7-15(a)]和测点在剪切带内[图 7-15(b)]，分别进行讨论。对于测点在剪切带外的情形，和带内的 γ_{xy} 相比，测点的 γ_{xy} 本应较低。对于测点在剪切带内的情形，和带外的 γ_{xy} 相比，测点的 γ_{xy} 本应较高。但是，在测量时，测点的 γ_{xy} 是子区的 γ_{xy} 的平均效果。对于测点在剪切带外的情形，测点的 γ_{xy} 将被高估，而对于测点在剪切带内的情形，测点的 γ_{xy} 将被低估。

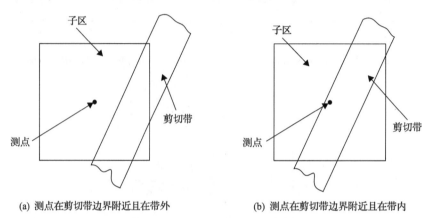

(a) 测点在剪切带边界附近且在带外　　　　　(b) 测点在剪切带边界附近且在带内

图 7-15　测点与剪切带的相对位置

设子区尺寸为 $(2M+1)\times(2M+1)$，以剪切带上边界附近的子区为例进行分析。设子区中心点为 A，过点 A 垂直于剪切带建立 y 轴，向下为正，y 轴与剪切带上边界交于 B 点(图 7-16)。

对于粗-细方法，当点 A 距离剪切带上边界的距离为 M 时，点 A 的子区全部在剪切带外，所以，有 $\gamma_{xy}=0$[图 7-16(a)]；当上述距离小于 M 时，子区包含部分剪切带，所以，有 $\gamma_{xy}\neq 0$。因此，图 7-16(a)的情形应为一种临界情形。此时，w' 将被高估，为 w 与 $2M$ 之和，即由子区尺寸引入的剪切带实测宽度理论误差 w_t 为 $2M$。

对于改进子区分割方法，当点 A 在剪切带上边界时，点 A 的 1 个后代子区总在剪切带外，所以，有 $\gamma_{xy}=0$[图 7-16(a)]。因此，w' 与 w 相等，由子区尺寸引入的 w_t 为 0，这充分体现了改进子区分割方法的优势。

应当指出，当有两个测点恰巧被分别布置在点 A[图 7-16(a)]和点 B[图 7-16(b)]时，测点间隔引入的 w_t 为 0。实际上，除了测点间隔为 1pixel 时外，上述情形不容易出现。所以，通常 w 将被高估。测点间隔不应过大，以使测点距离剪切带边界更近，从而减小由测点间隔引入的 w_t。

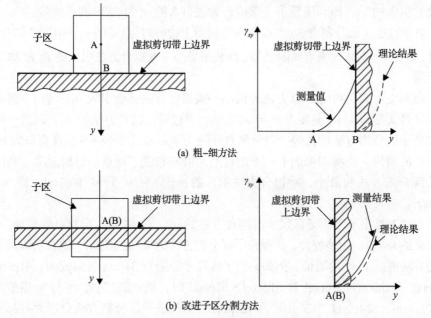

(a) 粗-细方法

(b) 改进子区分割方法

图 7-16　子区尺寸对 w' 的影响示意图

设拟合窗口尺寸为 $(2K+1) \times (2K+1)$ 个测点,以剪切带上边界附近的子区为例进行分析(图 7-17)。设最小—乘拟合窗口中心点为 C,过点 C 垂直于剪切带建立 y 轴,向下为正。y 轴分别交拟合窗口下边界和剪切带上边界于点 D、E[图 7-17(a)]。应当指出,图 7-17(b) 中点 D 和 E 重合。

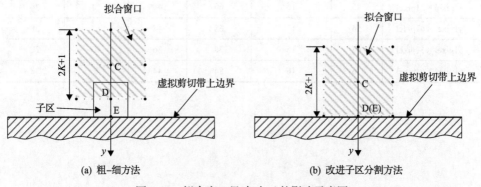

(a) 粗-细方法

(b) 改进子区分割方法

图 7-17　拟合窗口尺寸对 w' 的影响示意图

对于粗-细方法,当 $\overline{DE} = M$ 时,拟合窗口内各点的位移较为精确,点 C 的 $\gamma_{xy} = 0$ [图 7-17(a)]。当 $\overline{DE} < M$ 时,点 C 的 $\gamma_{xy} \neq 0$。因此,图 7-17(a) 的情形应为一种临界情形,此时,w' 将被高估,为 w 与 $2K \times$ 测点间隔和 $2M$ 之和,其中,$2M$ 为子

区尺寸引入的 w_t，即利用最小一乘拟合方法引入的 w_t 为 $2K \times$ 测点间隔。

对于改进子区分割方法，当点 D 在剪切带上边界时，点 C 的 $\gamma_{xy} = 0$ [图 7-17 (b)]，此时，w' 为 w 与 $2K \times$ 测点间隔之和，即利用最小一乘拟合方法引入的 w_t 为 $2K \times$ 测点间隔。

由上文可知，利用 DIC 方法和最小一乘拟合方法都会引入 w_t。这里，将修正后剪切带实测宽度 w_1 定义为 w' 与 w_t 之差。通过对比两种方法的 w_1，以进一步验证改进子区分割方法的优势。对于测点间隔为 4pixel、最小一乘拟合窗口为 5×5 个测点的情形，在剪切带的上、下边界上，恰好布置了测点。根据上文，利用改进子区分割方法和最小一乘拟合方法引入的 w_t 分别为 0 和 16pixel，即 w_t 为 16pixel。

表 7-1 给出了不同子区尺寸时两种方法的 w_t、w' 和 w_1。由此可以发现，粗-细方法的 w_1 与 w 相差较大，而改进子区分割方法的 w_1 更接近 w，这表明改进子区分割方法更适于 w 的测量。例如，当子区尺寸分别为 31pixel×31pixel、41pixel×41pixel、51pixel×51pixel 和 61pixel×61pixel 时，粗-细方法的 w_1 与 w 相差分别为 −22pixel、−24pixel、−26pixel 和 −28pixel，而改进子区分割方法分别为 −12pixel、−8pixel、−16pixel 和 −8pixel。

表 7-1　不同子区尺寸时两种方法的 w_t、w' 和 w_1

子区尺寸	w_t/pixel		w'/pixel		w_1/pixel	
	粗-细方法	改进子区分割方法	粗-细方法	改进子区分割方法	粗-细方法	改进子区分割方法
31pixel×31pixel	46	16	60	40	14	24
41pixel×41pixel	56	16	68	44	12	28
51pixel×51pixel	66	16	76	36	10	20
61pixel×61pixel	76	16	84	44	8	28

第8章 可靠子区方法及应用

本章介绍基于计算机视觉技术中的特征匹配算法提出的可靠子区方法。开展采动诱发断层滑移相似模拟实验，获得断层滑移规律，并验证可靠子区方法的有效性。

8.1 可靠子区方法的原理及实现

在观测相似模拟实验过程中，若基于 PSO 和 N-R 迭代的粗-细方法(以下简称粗-细方法)的测点所在的样本子区变形后包含裂纹或无效区域，则该测点的位移测量精度会降低甚至结果会出现错误。在粗-细方法中，通常以参考图像上布置的等间隔测点选择样本子区。这样，不可避免地会有一部分样本子区变形后包含裂纹或无效区域，如图 8-1(a)所示。因此，为了避免这种情况的出现，需要改变样本子区的选择方式，以使变形后子区不落入上述区域。为了解决这一计算机视觉问题，可采用图像特征匹配中的尺度不变特征变换(scale invariant feature transform, SIFT)算法(Lowe，2004)。

SIFT 算法是一种特征点匹配算法。特征点是在图像不同尺度空间上检测出的具有方向信息的局部极值点。图像尺度空间是指由不同尺度的图像组成的图像集，可以表示为原图像与二维高斯函数的卷积。在某种程度上，SIFT 算法也是一种区域匹配算法。这是由于在 SIFT 算法中，通过寻找特征点的特征向量之间的最短欧氏距离实现特征点匹配，通过对特征点周围一定区域(统计区域)内像素灰度梯度统计得到特征向量。若变形前后图像上的特征点能进行匹配，则特征点图像周围区域具有相似性。当特征点周围出现裂纹或无效区域时，图像的灰度梯度会发生改变，特征向量发生改变甚至特征点消失，这会在很大程度上影响特征点的匹配。因此，利用匹配的特征点的特征向量的统计区域选择样本子区，有望能避免样本子区变形后包含裂纹或无效区域，如图 8-1(b)所示。为了与粗-细方法的样本子区相区别，这里，将通过变形前后图像特征匹配选择的样本子区称为可靠子区。特征向量的统计区域与特征点的尺度有关，这导致选择的可靠子区的大小不完全相同。

在选定可靠子区后，通过相关运算计算可靠子区的变形参数。应当指出，可靠子区是以特征点为中心，而特征点的位置取决于图像的灰度分布，这导致特征点与人工布置的测点可能不完全重合，如图 8-1(b)所示。因此，需要根据测点周围的可靠子区的变形参数计算测点的变形参数。

变形前图像(参考图像)

变形后图像(目标图像)

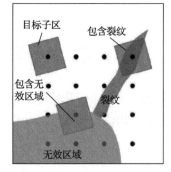

(a) 粗-细方法

变形前图像(参考图像)

变形后图像(目标图像)

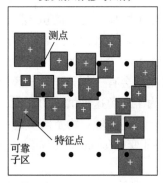
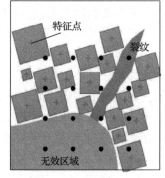

扫码见彩图

(b) 可靠子区方法

图 8-1　粗-细方法和可靠子区方法的子区选择

可靠子区方法的实现步骤如下。

(1)在物体一系列变形图像中选择参考图像和目标图像,利用 SIFT 算法提取参考图像和目标图像上的特征点并进行匹配。

(2)根据匹配的特征点的特征向量的统计区域确定可靠子区。在以匹配的特征点为中心选择可靠子区时,需要考虑到 SIFT 算法与 DIC 方法的差异性。SIFT 算法是基于图像灰度梯度的匹配方法,对图像的缩放具有一定的不变性(图 8-2)。在缩放条件下,特征向量的统计区域所在的尺度图像的尺寸与原始图像的尺寸不相同,这导致不能找到统计区域在原始图像上的直接对应区域。因此,在利用 SIFT 算法选择 DIC 方法的子区时,需要去掉匹配的特征点中那些具有缩放不变性的特征点。参考图像和目标图像上剩余的匹配的特征点的坐标分别设为 (X_i, Y_i) 和 (X_i^*, Y_i^*),点 (X_i, Y_i) 周围 $\lceil 12\sigma_i \rceil$ pixel $\times \lceil 12\sigma_i \rceil$ pixel ($\lceil 12\sigma_i \rceil$ 表示对 $12\sigma_i$ 向上取整)的区域即为可靠子区,其中 i 表示匹配的特征点的编号,σ_i 为匹配的特征点的尺度。

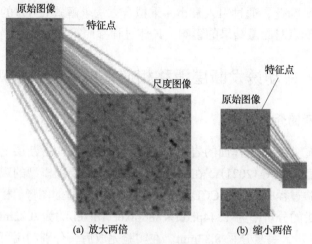

(a) 放大两倍　　　　　　　(b) 缩小两倍

图 8-2　SIFT 算法的缩放不变性

(3) 计算可靠子区的变形。在选定可靠子区后，以匹配的特征点的坐标差作为
N-R 迭代的位移初值 $\boldsymbol{p}_0 = [X_i^* - X_i \quad Y_i^* - Y_i \quad 0 \quad 0 \quad 0 \quad 0]^{\mathrm{T}}$，利用式 (2-6) 可以获得
可靠子区的变形参数 $\boldsymbol{p}_i = [u_i \quad v_i \quad u_{ix} \quad u_{iy} \quad v_{ix} \quad v_{iy}]^{\mathrm{T}}$，其中，$u_i$ 和 v_i 为点 (X_i, Y_i) 的水
平位移和垂直位移。

(4) 计算测点的变形参数。根据点 (X_i, Y_i) 的位移计算测点的位移和应变。这
里，通过对测点周围一定区域内的可靠子区中心点的位移进行拟合获取测点的位
移和应变，如图 8-3 所示。

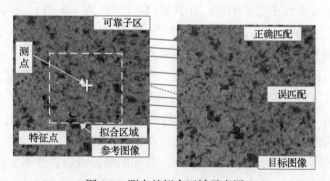

图 8-3　测点的拟合区域示意图

应当指出，匹配的特征点中可能会存在少量的误匹配点。根据误匹配点选择
的可靠子区的位移可能为奇异值。利用目前的一些算法只能减少并不能完全消除
误匹配点。所以，这里并没有直接对误匹配点进行处理。在可靠子区方法中，通
过对测点周围多个可靠子区中心点的位移进行拟合得到测点的位移。在拟合时，
最小二乘拟合方法对于奇异值稳定性较差 (陈希孺，1998)，而最小一乘拟合方法

的稳定性更好。为此，通过引入最小一乘拟合方法求解式(2-11)的系数，这间接地消除了误匹配点对测量结果的影响，具体过程参照第 2 章 2.3.3 节。

8.2　采动诱发断层滑移相似模拟实验过程观测

8.2.1　实验过程简介

　　根据千秋矿 21221 工作面的岩层物理力学参数，制作含断层的相似模型。具体过程可参照王学滨等(2021)。在煤层开采之前，需要在模型的观测表面制作人工散斑。在实验过程中，利用 CCD 相机拍摄煤层开采时的图像，相机的拍摄速度为 8 帧/s，相机的分辨率为 1344pixel×888pixel(1pixel 约为 0.22mm)。煤层开采总共进行了 15 步，每步开采 8.33mm。在实验完成后，分别利用可靠子区方法和粗-细方法进行计算，形函数均为一阶。测点间隔均为 10pixel，测点数目为 7104(64×111)，计算区域如图 8-4(a)所示。粗-细方法的子区尺寸与可靠子区方法的拟合区域尺寸相一致，均为 41pixel×41pixel。选择开采过程中第 3 步开采(断层滑移前)、第 10 步开采(断层滑移中)和第 15 步开采(断层滑移后)3 个有代表性的结果进行分析。

8.2.2　可靠子区选择

　　考虑到可靠子区与变形前后图像上的匹配的特征点有着直接联系，且其数量会随着模型的变形而改变。因此，在开采前的图像[图 8-4(a)]上，显示了提取的特征点，数量为 12958 个；在开采后的图像[图 8-4(b)～(d)]上显示了匹配的特征点，数量分别为 6122 个、5588 个和 4766 个。

　　由图 8-4(b)～(d)可见，在裂纹附近和开采区域没有匹配的特征点，这里，开采区域即无效区域，这表明 SIFT 算法对裂纹和无效区域具有一定的识别能力。应当指出，在第 10 步开采时，一个匹配的特征点位于计算区域外部，如图 8-4(c)所示，这表明误匹配点对可靠子区的选择存在一定的影响。

　　此外，还可以发现，在开采过程中，匹配的特征点的数量明显减少。例如，从第 3 步开采到第 10 步开采，匹配的特征点的数量减少了 534 个。造成特征点减少的原因可能有两方面：一方面，在开采过程中，模型表面出现了裂纹或无效区域，对于这种情形很容易通过肉眼发现；另一方面，在开采过程中，模型表面出现了颗粒脱落，对于这种情形很难通过肉眼直接观察到。下面，将考察产生裂纹的局部区域 A[图 8-4(a)标注]内可靠子区的数量和相关系数的变化，以进一步说明开采对可靠子区的影响。

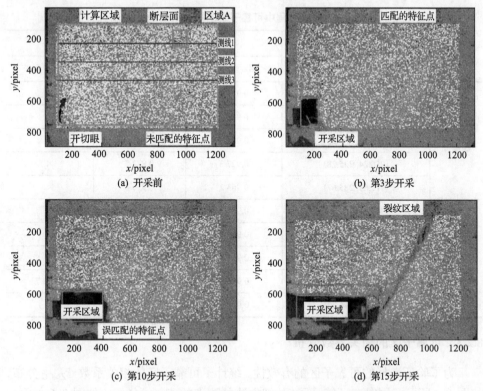

图 8-4　开采前图像上提取的特征点及开采后图像上匹配的特征点

　　在区域 A 内选择 10 个可靠子区。以第 3 步开采后的可靠子区为基准,考察第 10 步和第 15 步开采后可靠子区的相关系数的变化情况。按照可靠子区中心点距断层面的垂直距离,将这些可靠子区分成两组:第 1 组距断层面的垂直距离小于 10pixel,第 2 组距断层面的垂直距离大于 30pixel。在开采过程中,可靠子区的相关系数见表 8-1,其中,"×"表示可靠子区消失。应当指出,在可靠子区方法中,根据变形前后图像特征匹配选择可靠子区。若特征点的匹配关系消失,则特征点所对应的可靠子区将不存在。

　　由表 8-1 可见,在第 10 步开采时,无论是靠近断层面还是远离断层面,可靠子区均有一些出现了消失,未消失的可靠子区的相关系数有所降低。例如,点(910.30,215.50)的可靠子区的相关系数由 0.9735 下降到 0.9713,此时,裂纹还未出现[图 8-4(c)],这在一定程度上表明开采过程中颗粒引起了脱落。在第 15步开采时,靠近断层面的 5 个可靠子区全部消失,而远离断层面的 5 个可靠子区仅剩 2 个。此时,裂纹已经出现[图 8-4(d)],这说明可靠子区对裂纹具有极强的敏感性。

表 8-1　开采过程中可靠子区的相关系数的变化

位置	可靠子区中心点坐标/pixel	可靠子区的相关系数		
		第 3 步开采	第 10 步开采	第 15 步开采
靠近断层面	(992.77, 158.01)	0.944 0	×	×
	(978.01, 178.94)	0.950 4	0.941 5	×
	(964.30, 208.26)	0.975 5	×	×
	(956.24, 225.28)	0.927 3	0.872 5	×
	(917.63, 285.67)	0.963 2	0.950 8	×
远离断层面	(943.51, 169.54)	0.957 1	×	×
	(928.54, 201.21)	0.953 7	0.951 4	×
	(927.48, 208.33)	0.951 4	0.943 2	0.938 8
	(910.30, 215.50)	0.973 5	0.971 3	0.968 7
	(903.95, 244.70)	0.962 4	×	×

8.2.3　可靠子区的相关系数分布

为了验证选择的可靠子区的有效性,统计了可靠子区的相关系数 C_{ZNCC} 分布,如图 8-5 所示。同时,还统计了粗-细方法的测点的 C_{ZNCC} 分布,如图 8-6 所示。

由图 8-5 可见,在 3 次开采过程中,可靠子区的 C_{ZNCC} 均值较高,且标准差非常小,这表明大部分可靠子区能满足粗-细方法的基本条件。应当指出,也有极少数可靠子区的 C_{ZNCC} 较低,这可能与特征点的误匹配有关。

由图 8-6 可见,随着开采的进行,粗-细方法的测点的 C_{ZNCC} 均值降低,且标准差增大,这是由于有的子区不能有效地避开裂纹和无效区域,这导致一些测点的 C_{ZNCC} 明显减小。

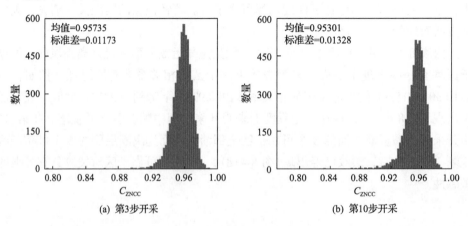

(a) 第3步开采　　　　　　　　　　(b) 第10步开采

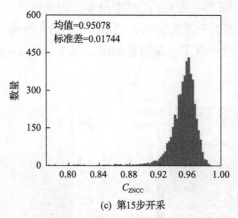

(c) 第15步开采

图 8-5　可靠子区的 C_{ZNCC} 分布

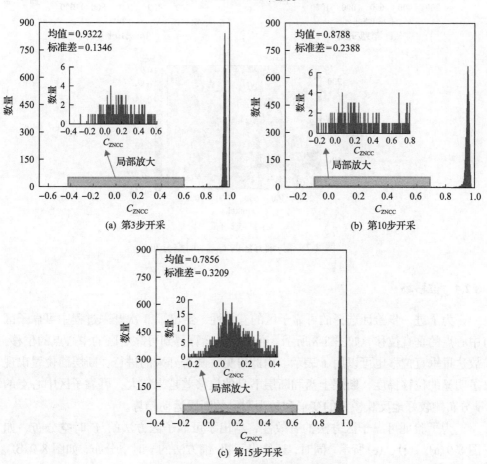

(a) 第3步开采　　　　　　　　　　　　　　(b) 第10步开采

(c) 第15步开采

图 8-6　粗-细方法的测点的 C_{ZNCC} 分布

图 8-7 给出了粗-细方法的 C_{ZNCC} 时空分布。由此可见，开采形成的无效区域的 C_{ZNCC} 明显较小；随着开采的进行，C_{ZNCC} 较小的点所围的面积增加。在第 15 步开采时，断层面附近形成了一条明显的带，其中，C_{ZNCC} 较小，这应与开采造成的断层滑移有关。

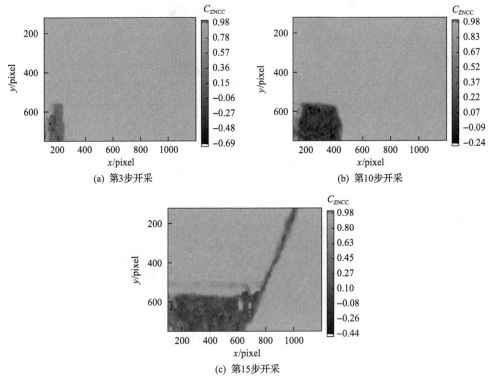

(a) 第3步开采 (b) 第10步开采

(c) 第15步开采

图 8-7　粗-细方法的 C_{ZNCC} 时空分布

8.2.4　位移场

为了进一步验证选择的可靠子区的有效性，给出了 3 次开采过程中可靠子区中心点的垂直位移，如图 8-8 所示。通过相关运算得到可靠子区的中心点的位移，故这里垂直位移也可以用 v 表示。由此可见，随着开采的进行，断层面位置出现了明显的位移梯度，断层上盘和断层下盘的位移差越来越大，可靠子区中心点的 v 分布能较好地反映模型的变形和较为明显的断层运动趋势。

为了验证可靠子区方法的有效性，给出了可靠子区方法的 V 时空分布，如图 8-9(a)、(c)、(e) 所示。同时，还给出了粗-细方法的 v 时空分布，如图 8-9(b)、(d)、(f) 所示，其中，已经人工消除了错误点。

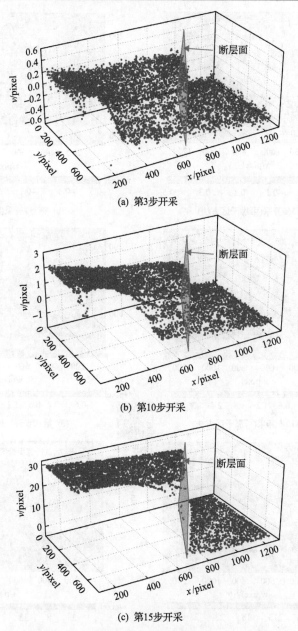

(a) 第3步开采

(b) 第10步开采

(c) 第15步开采

图 8-8　3 次开采过程中可靠子区中心点的 v 分布

　　由图 8-9 可见，可靠子区方法的 V 时空分布和粗-细方法的 v 时空分布具有一定的相似性，而可靠子区方法更加全面，特别是在裂纹区域和开采区域。在第 10 步开采时，由粗-细方法的 v 分布明显可以发现失效点，此时，裂纹尚未出现[图 8-4(c)]，这说明粗-细方法的结果在一定程度上受到了模型表面颗粒脱落

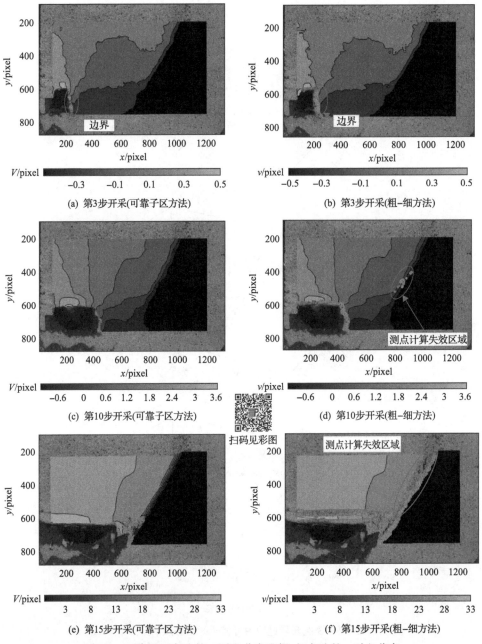

(a) 第3步开采(可靠子区方法)　　　　(b) 第3步开采(粗-细方法)

(c) 第10步开采(可靠子区方法)　　　　(d) 第10步开采(粗-细方法)

扫码见彩图

(e) 第15步开采(可靠子区方法)　　　　(f) 第15步开采(粗-细方法)

图 8-9　可靠子区方法的 V 时空分布和粗-细方法的 v 时空分布

的影响。在第 15 步开采时，在粗-细方法的断层面附近的 v 分布中，数据缺失比较严重，这难以准确地反映断层附近的变形信息。由此可见，可靠子区方法比粗-细方法更适于相似模拟实验过程观测。

为了定量分析两种方法的结果差异，获得了 y=230pixel 测线上两种方法的垂直位移差 $V{-}v$。考虑到在第 15 步开采时，开采对模型的扰动达到最大，因而两种方法的结果差异较明显。为此，给出了第 15 步开采时的 $V{-}v$，如图 8-10 所示。同时，图 8-10 中还给出了 $V{-}v$ 处于极值时两个测点的参考子区与目标子区的灰度差分布，其中，根据可靠子区方法的测点的变形参数确定目标子区的灰度。

由图 8-10 可见，在大部分位置，$V{-}v$ 极小，即 V 和 v 比较接近，但在一些位置，二者的差异较大，$V{-}v$ 最大为 0.37pixel，最小为−0.28pixel；两个测点的子区灰度差的分布呈现明显的斑点状，最大子区灰度差为 0.60，最小子区灰度差为−0.60。这里，数字图像的灰度最大为 1.0。由此可见，参考子区变形后部分位置的灰度发生了剧烈的改变。虽然光照变化、噪声及亚像素灰度插值都能引起一定的灰度差波动，但不会如此大。因此，有理由认为实验过程中出现了颗粒脱落。经过统计，两个测点的子区的颗粒脱落所占的面积比分别为 11.9%和 13.2%。在粗-细方法中，通过对测点的子区进行相关运算得到位移。若测点所在的子区发生了颗粒脱落，则很容易引起相关性降低，进而增加位移误差。然而，在可靠子区方法中，通过对周围多个可靠子区中心点的位移进行拟合得到位移，这能有效地抑制粗-细方法中相关性降低导致的测点位移误差增加。因此，可靠子区方法的测量精度比粗-细方法高。

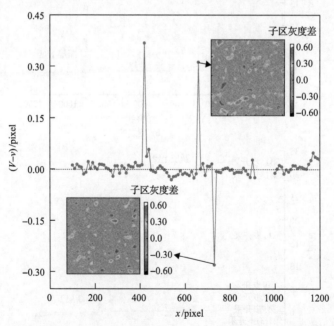

图 8-10　第 15 步开采时测线上两种方法的 $V{-}v$ 及两个测点的子区灰度差分布

为了获得开采过程中断层的滑移规律，监测了开采过程中过断层 3 条水平测线［图 8-4(a)中已标注］上的 V 分布，如图 8-11 所示。

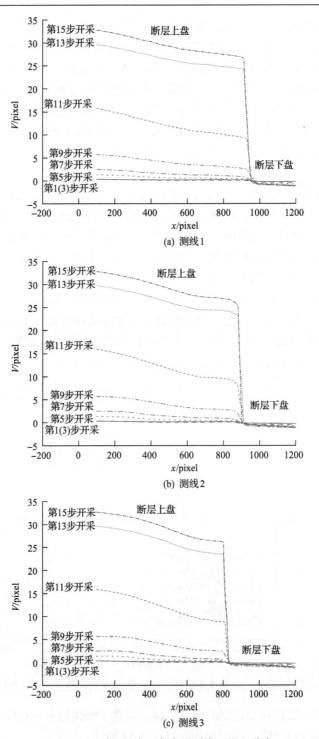

(a) 测线1

(b) 测线2

(c) 测线3

图 8-11 开采过程中 3 条水平测线上的 V 分布

　　由图 8-11 可见，随着开采步数的增加，断层下盘的 V 基本保持不变，断层上盘的 V 逐渐增大，但每步开采引起的 V 增量不同，这表明开采引起的断层滑移是一个复杂的过程。为了进一步了解断层的滑移规律，根据开采引起的 V 增量，可将断层滑移分为稳态滑移和瞬态滑移两类。这里，将每步开采引起的 V 增量小于 2pixel 定义为稳态滑移；反之，则为瞬态滑移。根据上述划分，开采过程中断层先后经历了稳态滑移(第 1~9 步开采)、瞬态滑移(第 9~13 步开采)和稳态滑移(第 13~15 步开采) 3 个阶段。断层的稳态滑移与瞬态滑移的交替现象与断层围岩的能量聚集和释放有关(李志华等，2011)。在稳态滑移阶段，断层围岩的能量逐渐聚集，而在瞬态滑移时，断层围岩集聚的能量快速释放。因此，为了确保安全开采，需确保断层与工作面的距离不应过小，以避免开采诱发断层瞬态滑移而引发安全事故。

参 考 文 献

班宇鑫, 傅翔, 谢强, 等. 2019. 页岩巴西劈裂裂缝形态评价及功率谱特征分析. 岩土工程学报, 41(12): 2307-2315.

陈学忠, 王晓青, 李志雄, 等. 2000. 强震前短临地震前兆时空分布非均匀性变化特征. 地震学报, 22(1): 27-34.

陈希孺. 1998. 最小二乘法的历史回顾与现状. 中国科学院研究生院学报, 15(1): 4-11.

崔新男, 汪旭光, 王尹军, 等. 2020. 爆炸加载下混凝土表面的裂纹扩展. 爆炸与冲击, 40(5): 25-35.

戴相录, 谢惠民, 王怀喜. 2013. 二维数字图像相关测量中离面位移引起的误差分析. 实验力学, 28(1): 10-19.

杜梦萍, 潘鹏志, 纪维伟, 等. 2016. 炭质页岩巴西劈裂载荷下破坏过程的时空特征研究. 岩土力学, 37(12): 3437-3446.

杜亚志, 王学滨, 董伟. 2018. 修正的子区分割法及剪切带的位移和应变的测量. 光学技术, 44(2): 158-163.

侯振德, 秦玉文. 2002. 基于图像分形相关位移测量新方法的研究. 光学学报, 22(2): 210-214.

简龙晖, 马少鹏, 张军, 等. 2003. 基于小波多级分解的数字散斑相关搜索方法. 清华大学学报(自然科学版), 43(5): 680-682.

孔亮, 陈凡秀, 李杰. 2013. 基于数字图像相关法的砂土细观直剪试验及其颗粒流数值模拟. 岩土力学, 34(10): 2971-2978.

李元海, 靖洪文, 朱合华, 等. 2007. 基于图像相关分析的土体剪切带识别方法. 岩土力学, 28(3): 522-526.

李元海, 林志斌, 靖洪文, 等. 2012. 含动态裂隙岩体的高精度数字散斑相关量测方法. 岩土工程学报, 34(6): 1060-1068.

李志华, 窦林名, 曹安业, 等. 2011. 采动影响下断层滑移诱发煤岩冲击机理. 煤炭学报, 36(增1): 68-73.

刘招伟, 李元海. 2010. 含孔洞岩石单轴压缩下变形破裂规律的实验研究. 工程力学, 27(8): 133-139.

孟利波, 金观昌, 姚学锋. 2006. DSCM 中摄像机光轴与物面不垂直引起的误差分析. 清华大学学报(自然科学版), 46(11): 1930-1932.

马少鹏, 周辉. 2008. 岩石破坏过程中试件表面应变场演化特征研究. 岩石力学与工程学报, 27(8): 1667-1673.

马少鹏, 马沁巍, 庞家志. 2012. 光测力学的温度补偿//第十三届全国实验力学学术会议, 昆明.

马永尚, 陈卫忠, 杨典森, 等. 2017. 基于三维数字图像相关技术的脆性岩石破坏试验研究. 岩土力学, 38(1): 117-123.

潘兵, 续伯钦, 冯娟, 等. 2005. 关于数字图像相关中曲面拟合法的几点讨论. 实验力学, 20(增1): 43-50.

潘兵, 谢惠民. 2007. 基于差分进化的数字图像相关方法. 光电子·激光, 18(1): 100-103.

潘兵, 谢惠民, 续伯钦, 等. 2007. 应用数字图像相关方法测量含缺陷试样的全场变形. 实验力学, 22(3-4): 379-384.

潘兵, 俞立平, 吴大方. 2013. 使用双远心镜头的高精度二维数字图像相关测量系统. 光学学报, 33(4): 97-107.

潘一山, 杨小彬. 2001. 岩石变形破坏局部化的白光数字散斑相关方法研究. 实验力学, 16(2): 220-225.

芮嘉白, 金观昌, 徐秉业. 1994. 一种新的数字散斑相关方法及其应用. 力学学报, 26(5): 599-607.

宋义敏, 姜耀东, 马少鹏, 等. 2012. 岩石变形破坏全过程的变形场和能量演化研究. 岩土力学, 33(5): 1352-1356.

宋海鹏. 2013. 数字图像相关方法及其在材料损伤破坏试验中的应用. 天津: 天津大学.

王凯英, 马胜利, 刘力强, 等. 2002. 地震前兆时空非均匀性指标 C_v 值的实验检验. 地震学报, 24(1): 82-89.

王怀文, 亢一澜, 谢和平. 2005. 数字散斑相关方法与应用研究进展. 力学进展, 35(2): 195-203.

王光勇, 余锐, 马东方, 等. 2020. 饱水细砂岩动态抗拉与抗压强度试验对比研究. 高压物理学报, 34(4): 49-58.

王骥骁, 陈金龙. 2015. 扩展数字图像相关方法中裂尖位移函数的表征研究. 实验力学, 30(1): 31-41.

王博, 俞立平, 潘兵. 2016. 数字图像相关方法中匹配及过匹配形函数的误差分析. 实验力学, 31(3): 291-298.

王助贫, 邵龙潭, 刘永禄, 等. 2002. 三轴试样变形数字图像测量误差和精度分析. 大连理工大学学报, 42(1): 98-103.

王鹏鹏, 郭晓霞, 桑勇, 等. 2020. 基于数字图像相关技术的砂土全场变形测量及其 DEM 数值模拟. 工程力学, 37(1): 239-247.

王学滨. 2009. 地质体材料剪切带内部的常剪切应变点及速度分布分析. 防灾减灾工程学报, 29(4): 368-375.

王学滨, 潘一山, 马瑾. 2003. 剪切带内部应变(率)分析及基于能量准则的失稳判据. 工程力学, 20(2): 111-115.

王学滨, 杜亚志, 潘一山, 等. 2013. 大位移 DIC 方法及含孔洞砂土试样拉伸局部化带宽度观测. 应用基础与工程科学学报, 21(5): 908-917.

王学滨, 杜亚志, 潘一山. 2014. 单轴压缩湿砂样局部及整体体积应变的数字图像相关方法观测. 岩土工程学报, 36(9): 1648-1656.

王学滨, 余斌, 赵亮, 等. 2021. 采动诱发逆断层滑移的理论分析及数字图像相关方法观测研究. 安全与环境学报, 21(2): 582-589.

王晓青, 陈学忠, 李志雄, 等. 1999. 地震前兆群体空间非均匀性指标 C_v 值研究. 中国地震, 15(3): 199-209.

汪敏, 岑豫皖, 胡小方, 等. 2008. 加权窗口在数字图像相关技术中的应用研究. 光子学报, 37(12): 2568-2571.

席道瑛, 杜赟, 李廷, 等. 2008. 高孔岩石中局部变形带的理论和形成条件研究进展. 岩石力学与工程学报, 27(s2): 3888-3898.

许江, 严召松, 彭守建, 等. 2019. 岩石渐进性破坏过程中变形和能量分析. 矿业研究与开发, 39(8): 47-53.

于玉贞, 喻葭临, 张丙印, 等. 2010. 考虑尖端应力集中和重分布的剪切带扩展分析. 清华大学学报(自然科学版), 50(3): 372-375.

张东明, 胡千庭, 王浩. 2011. 软岩变形局部化过程的数字散斑实验研究. 煤炭学报, 36(4): 567-571.

张巍, 赵同彬, 宋义敏, 等. 2017. 基于数字图像相关方法的巴西圆盘变形局部化分析. 山东科技大学学报(自然科学版), 36(6): 47-51.

钟邑桅. 2006. 上海软粘土平面应变条件下剪切带形成的试验研究. 上海: 同济大学.

朱泉企, 李地元, 李夕兵. 2019. 含预制椭圆形孔洞大理岩变形破坏力学特性试验研究. 岩石力学与工程学报, 38(S1): 2724-2733.

庄丽, 宫全美. 2016. 减围压平面应变压缩试验条件下丰浦砂中剪切带特性研究. 岩土力学, 37(S1): 201-208.

Alikarami R, Torabi A. 2015. Micro-texture and petrophysical properties of dilation and compaction shear bands in sand. Geomechanics for Energy & the Environment, 3: 1-10.

Bardet J P, Proube J. 1992. Shear-band analysis in idealized granular material. Journal of Engineering Mechanics, ASCE, 118(2): 397-415.

Băzant Z P, Pijaudier-Cabot G. 1989. Measurement of characteristic length of nonlocal continuum. Journal of Engineering Mechanics, ASCE, 115(4): 755-767.

Bhandari A R, Powrie W, Harkness R M. 2012. A digital image-based deformation measurement system for triaxial tests. Geotechnical Testing Journal, 35(2): 1-18.

Bornert M, Brémand F, Doumalin P, et al. 2008. Assessment of digital image correlation measurement errors: methodology and results. Experimental Mechanics, 49(3): 353-370.

Bruck H A, Mcneill S R, Sutton M A, et al. 1989. Digital image correlation using Newton-Raphson method of partial differential correction. Experimental Mechanics, 29(29): 261-267.

Chen D J, Chiang F P, Tan Y S, et al. 1993. Digital speckle-displacement measurement using a complex spectrum method. Applied Optics, 32(11): 1839-1849.

Cherry J T, Schock R N, Sweet J. 1975. A theoretical model of dilatant behavior of a brittle rock. Pure and Applied Geophysics, 113(1): 183-196.

Davis C Q, Freeman D M. 1998. Statistics of subpixel registration algorithms based on spatiotemporal gradients or block matching. Optical Engineering, 37(4): 1290-1298.

Dai X, Chan Y C, So A C K. 1999. Digital speckle correlation method based on wavelet-packet noise-reduction processing. Applied Optics, 38(16): 3474-3482.

De Borst R, Mühlhaus H B. 1992. Gradient-dependent plasticity: formulation and algorithmic aspects. International Journal for Numerical Methods in Engineering, 35(3): 521-539.

Gerbault M, Poliakov A N B, Daignieres M. 1998. Prediction of faulting from the theories of elasticity and plasticity: what are the limits. Journal of Structural Geology, 20(2/3): 301-320.

Geiser F, Laloui L, Vulliet L. 2006. Elasto-plasticity of unsaturated soils: laboratory test results on a remoulded silt. Soils & Foundations, 46(5): 545-556.

Higo Y, Oka F, Sato T, et al. 2013. Investigation of localized deformation in partially saturated sand under triaxial compression using microfocus X-ray CT with digital image correlation. Soils & Foundations, 53(2): 181-198.

Jin H, Bruck H A. 2006. Pointwise digital image correlation using genetic algorithms. Experimental Techniques, 29(1): 36-39.

Kennedy J, Eberhart R C. 1995. Particle swarm optimization. Proceedings of IEEE International Conference, Piscataway.

Lade P V, Kirkgard M M. 2000. Effect of stress rotation and changes of b-values on cross-anisotropic behavior of natural, K0-consolidated soft clay. Soils and Foundations, 40(6): 93-105.

Lepage W S, Daly S H, Shaw J A. 2016 Cross polarization for improved digital image correlation. Experimental Mechanics, 56(6): 969-985.

Lowe D G. 2004. Distinctive image features from scale-invariant keypoints. international Journal of Computer Vision, 60(2): 91-110.

Lu H, Cary P D. 2000. Deformation measurements by digital image correlation: implementation of a second-order displacement gradient. Experimental Mechanics, 40(4): 393-400.

Ma S, Jin G. 2003. New correlation coefficients designed for digital speckle correlation method (DSCM). Proceedings of SPIE - The International Society for Optical Engineering, 5058: 25-33.

Meng L B, Jin G C, Yao X F. 2007. Application of iteration and finite element smoothing technique for displacement and strain measurement of digital speckle correlation. Optics & Lasers in Engineering, 45(1): 57-63.

Menzel A, Steinmann P. 2000. On the continuum formulation of higher gradient plasticity for single and polycrystals. Journal of the Mechanics and Physics of Solids, 48(8): 1777-1796.

Nübel K. 2002. Experimental and numerical investigation of shear localization in granular material. Karlsruhe: University of Karlsruhe.

Pamin J, De Borst R. 1995. A gradient plasticity approach to finite element predictions of soil instability. Archives of Mechanics, 47(2): 353-377.

Pan B, Xie H M, Xu B Q, et al. 2006. Performance of sub-pixel registration algorithms in digital image correlation. Measurement Science and Technology, 17: 1615-1621.

Pan B, Asundi A, Xie H, et al. 2009. Digital image correlation using iterative least squares and pointwise least squares for displacement field and strain field measurements. Optics & Lasers in Engineering, 47(7-8): 865-874.

Pan B, Xie H, Wang Z. 2010. Equivalence of digital image correlation criteria for pattern matching. Applied Optics, 49(28): 5501-5509.

Peters W H, Ranson W F. 1982. Digital imaging techniques in experimental stress analysis. Optical Engineering, 21(3): 427-431.

Pitter M C, See C W, Somekh M G. 2001. Fast subpixel digital image correlation using artificial neural networks// International Conference on Image Processing Thessaloniki, Thessaloniki.

Poissant J, Barthelat F. 2010. A novel "subset splitting" procedure for digital image correlation on discontinuous displacement fields. Experimental Mechanics, 50(3): 353-364.

Reu P L, Sweatt W, Miller T, et al. 2014. Camera system resolution and its influence on digital image correlation. Experimental Mechanics, 55(1): 9-25.

Rechenmacher A L. 2006. Grain-scale processes governing shear band initiation and evolution in sands. Journal of the Mechanics & Physics of Solids, 54(1): 22-45.

Rechenmacher A L, Abedi S, Chupin O, et al. 2011. Characterization of mesoscale instabilities in localized granular shear using digital image correlation. Acta Geotechnica, 6: 205-217.

Roscoe K H. 1970. The influence of strains in soil mechanics. Gèotechnique, 20(2): 129-170.

Röchter L, König D, Schanz T, et al. 2010. Shear banding and strain softening in plane strain extension: physical modelling. Granular Matter, 12(3): 287-301.

Schreier H W, Braasch J R, Sutton M A. 2000. Systematic errors in digital image correlation caused by intensity interpolation. Optical Engineering, 39(11): 2915-2921.

Sousa A M R, Xavier J, Morais J L, et al. 2011. Processing discontinuous displacement fields by a spatio-temporal derivative technique. Optics & Lasers in Engineering, 49(12): 1402-1412.

Sutton M A, Wolters W J, Peters W H, et al. 1983. Determination of displacement using an improved digital correlation method. Image & Vision Computing, 1(3): 133-139.

Sutton M A, Cheng M, Peters W H, et al. 1986. Application of an optimized digital correlation method to planar deformation analysis. Image & Vision Computing, 4(3): 143-150.

Sutton M A, Mcneill S R, Jang J, et al. 1988. Effects of subpixel image restoration on digital correlation error estimates. Optical Engineering, 27(10): 870-877.

Sutton M A, Turner J L, Bruck H A, et al. 1991. Full-field representation of discretely sampled surface deformation for displacement and strain analysis. Experimental Mechanics, 31(31): 168-177.

Tong W. 1997. Detection of plastic deformation patterns in a binary aluminum alloy. Experimental Mechanics, 37(37): 452-459.

Tong W. 2005. An evaluation of digital image correlation criteria for strain mapping applications. Strain, 41(4): 167-175.

Vardoulakis I. 1980. Shear band inclination and shear modulus of sand in biaxial tests. International Journal for Numerical and Analytical Methods in Geomechanics, 4(2): 103-119.

Vardoulakis I, Aifantis E. 1991. A gradient flow theory of plasticity for granular materials. Acta Mechanica, 87(3-4): 197-217.

Vendroux G, Knauss W G. 1998. Submicron deformation field measurements: part 1. developing a digital scanning tunneling microscope. Experimental Mechanics, 38(1): 18-23.

Vermeer P A, De Borst R. 1984. Non-associated plasticity for soils, concrete and rock. Heron, 29(3): 1-64.

Wang C C, Deng J M, Ateshian G A, et al. 2002. An automated approach for direct measurement of two-dimensional strain distributions within articular cartilage under unconfined compression. Journal of Biomechanical Engineering, 124(5): 557-567.

Wang X B, Tang J P, Zhang Z H, et al. 2004. Analysis of size effect, shear deformation and dilation in direct shear test based on gradient-dependent plasticity. 岩石力学与工程学报, 37(7): 1095-1099.

Wattrisse B, Chrysochoos A, Muracciole J M, et al. 2001. Analysis of strain localization during tensile tests by digital image correlation. Experimental Mechanics, 41(1): 29-39.

Wong R C K. 2000. Shear deformation of locked sand in triaxial compression. Geotechnical Testing Journal, 23(2): 158-170.

Xu X, Su Y, Cai Y, et al. 2015. Effects of various shape functions and subset size in local deformation measurements using DIC. Experimental Mechanics, 55(8): 1575-1590.

Yamaguchi I. 1981. Speckle displacement and decorrelation in the diffraction and image fields for small object deformation. Optica Acta: International Journal of Optics, 28(10): 1359-1376.

Yoneyama S, Kitagawa A, Kitamura K, et al. 2006. In-plane displacement measurement using digital image correlation with lens distortion correction. JSME International Journal, 49(3): 458-467.

Zhang J, Jin G, Ma S, et al. 2003. Application of an improved subpixel registration algorithm on digital speckle correlation measurement. Optics & Laser Technology, 35(7): 533-542.

Zhao J Q, Zeng P, Pan B, et al. 2012. Improved Hermite finite element smoothing method for full-field strain measurement over arbitrary region of interest in digital image correlation. Optics & Lasers in Engineering, 50(11): 1662-1671.

Zhou P, Goodson K E. 2001. Subpixel displacement and deformation gradient measurement using digital image/speckle correlation. Optical Engineering, 40(8): 1613-1620.